パズルでひらめく　補助線の幾何学

"魔法の補助線"を見つけよう

中村義作　著

ブルーバックス

- ●装幀／芦澤泰偉・児崎雅淑
- ●カバー立体イラスト／鵄田清美
- ●扉，目次デザイン／中山康子
- ●図版／天龍社

まえがき

　講談社のブルーバックス編集部から、「補助線を有効に活用した幾何学の問題を中心にして、中学生や高校生にも理解できるやさしい本を書いてもらえないだろうか」、という相談をいただいた。いわれてみると、中学生や高校生のころ、非常に難渋していた問題が補助線1本で解決したという痛快な経験をだれもが持っている。これはよいテーマだと直感して、早速に『幾何学辞典』などを調べたところ、なんと半分以上の幾何学の定理や作図問題が補助線を有効に活用している。

　そこで、早速に題材の選択に取りかかったが、初等的な問題だけでは面白くない。基本的な定理や作図問題のほかに、できれば格調の高い問題や有名な定理なども取り入れて、少しは挑戦しがいのある内容にしたいと考えた。ただし、解答を1ページに収めることを原則にしたので、多くのページ数を要する問題はすべて割愛した。こうして、全体の構成を初級編、中級編、上級編の3編に分けたが、もちろん厳密な意味での分類ではない。ごく粗くいえば、問題の番号が進むにつれて、次第にむずかしくなるという程度である。

　初級編では、中学生にも容易に挑戦できる問題を集めてみたが、どちらかというと幾何学の基本定理やそれに関連した問題が中心である。ただし、教科書ではないので、幾何学の基本定理といわれるものでも、補助線なしで証明できるもの

は除外してある。高校生や大学生、また年配の読者も、頭のなかを整理するくらいの軽い気持ちで、ざっと眺めていただければ幸いである。

　中級編では、努力すれば高学年の中学生にも挑戦できる問題を集めたが、もちろん高校生には手ごろな応用問題といえる。このなかには基本定理も含まれているが、補助線を使うテクニックは初級編より高級である。このため、うまい補助線を使わないと、なかなか解決につながらない問題もある。ところが、ひとたび補助線を見つけると、これまでの苦労が嘘のように簡単に解ける。これこそが補助線の醍醐味である。この本の解答を見るまえに、ぜひ自分なりに挑戦して、この本の解答と比べてもらいたい。中級編の問題は、そういう読者の努力が報いられる問題だけを集めてある。

　上級編では、初級編や中級編の問題では飽き足りない読者のために、少しは挑戦しがいのある問題を集めてみた。とくに最後の8問ほどは、有名な定理や難解な問題を取り入れたので、よほどの洞察力がないかぎり、そう簡単に解は得られない。解けるまで挑戦し続けるのも1つの方法であるが、解き方のすばらしさを鑑賞するという楽しみ方もある。5ページにわたる解答を用意したのは、このためである。とはいっても、この本の解答を丹念にたどっていけば、高校生にも理解できるものばかりである。

　この本の体裁としては、読者に補助線の効用を満喫してもらうため、基本的に右のページに問題、その裏の左のページに解答という形式をとった。解答はすぐに見ないほうが、問題に挑戦しやすいと考えたからである。また、この本は補助

まえがき

線の活用を主題にしているので、裏面の解答では補助線をすべて破線で表した。とくに注意したのは、三角関数などを利用した代数的な方法はことごとく避け、図形の幾何学的な性質だけに終始したことである。これが幾何学の本質であり、また補助線の効力が顕著に現れることにもつながっている。

　この本の執筆に当たっては、巻末に引用した多くの本を参照させていただいた。とくに、笹部貞市郎先生の『幾何学辞典』は非常に参考になった。その他の引用書の著者とともに、厚くお礼申し上げたい。また、上司の東海大学教育開発研究所次長の秋山仁先生には有益なご教示とご助言をいただいたうえ、執筆のためのさまざまな便宜を図っていただいた。日ごろのご指導・ご鞭撻と併せて、心からの感謝を申し上げる。最後に、講談社のブルーバックスの編集部長の柳田和哉さんと編集部のみなさん、とくに担当の任に当たられた編集部の梓沢修さんには、執筆の機会を与えてくださったうえ、編集その他の点で多大のお世話になった。これらの方々に深くお礼を申し上げる。

中村義作
平成15年8月8日

もくじ

初級編

	ページ	できた	ヒントを見てできた	できなかった
問題 1	11			
問題 2	13			
問題 3	15			
問題 4	17			
問題 5	21			
問題 6	23			
問題 7	25			
問題 8	27			
問題 9	29			
問題 10	31			
問題 11	33			
問題 12	35			
問題 13	37			
問題 14	39			
問題 15	41			
問題 16	43			
問題 17	45			
問題 18	47			
問題 19	49			
問題 20	51			
問題 21	53			
問題 22	55			

中級編

	ページ	できた	ヒントを見てできた	できなかった
問題 23	59			
問題 24	61			
問題 25	63			
問題 26	65			
問題 27	67			
問題 28	71			
問題 29	73			
問題 30	75			
問題 31	77			
問題 32	79			
問題 33	81			
問題 34	83			
問題 35	87			
問題 36	89			
問題 37	91			
問題 38	93			

	ページ	できた	ヒントを見てできた	できなかった
問題 39	95			
問題 40	97			
問題 41	101			
問題 42	103			
問題 43	105			
問題 44	107			
問題 45	109			
問題 46	113			
問題 47	115			
問題 48	117			
問題 49	119			
問題 50	121			
問題 51	125			

上級編

	ページ	できた	ヒントを見てできた	できなかった
問題 52	131			
問題 53	135			
問題 54	139			
問題 55	141			
問題 56	145			
問題 57	147			
問題 58	149			
問題 59	151			
問題 60	153			
問題 61	155			
問題 62	157			
問題 63	161			
問題 64	163			
問題 65	167			
問題 66	171			
問題 67	173			
問題 68	177			
問題 69	181			
問題 70	187			
問題 71	191			
問題 72	195			
問題 73	201			
問題 74	205			
問題 75	209			
問題 76	215			

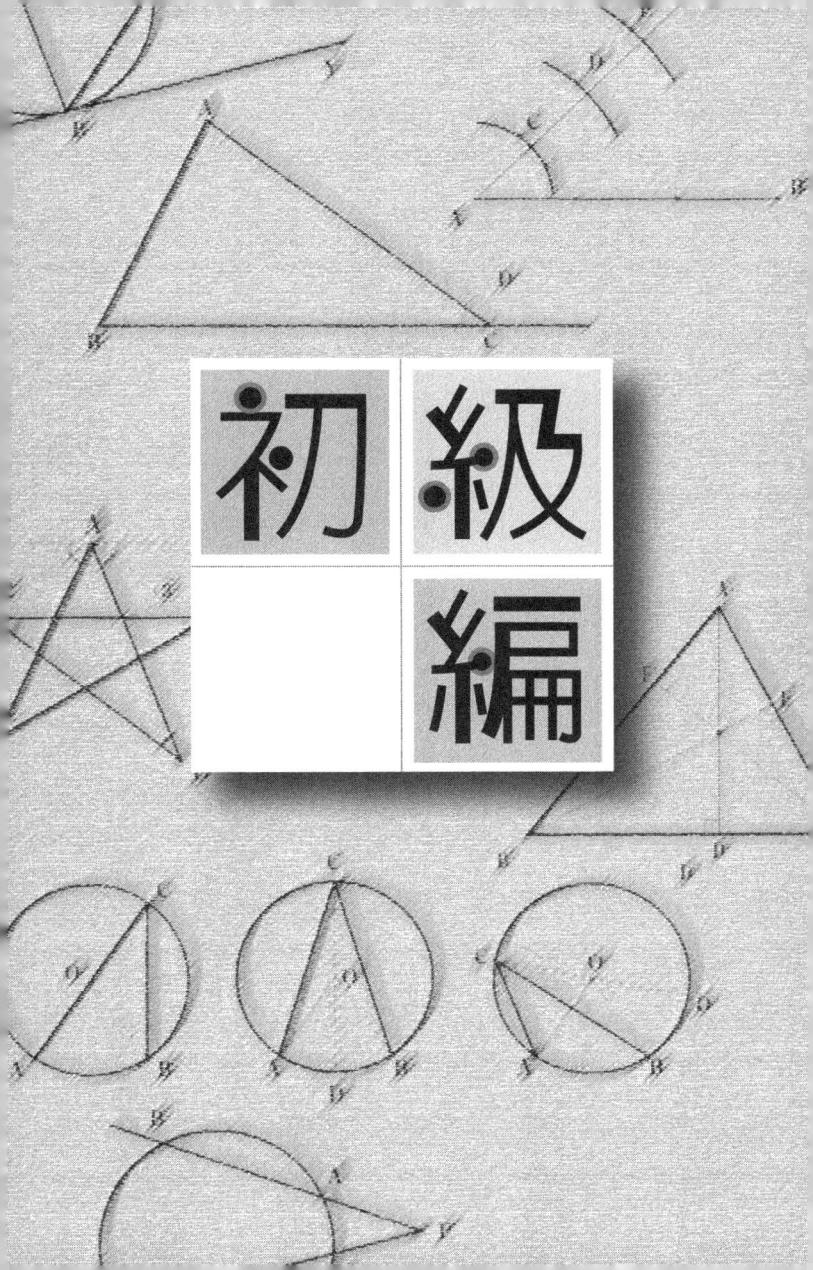

初級編

初級編

　初級編の問題は、中学生にも容易に挑戦できるやさしい問題ですが、基本的な問題を多く含んでいるので、おさらいの意味も含めて、気軽に挑戦してみてください。この種の基本的な問題には、ふつう、いろいろの解き方があるので、この本の解答よりも読者自身の解答のほうが優れているかもしれません。その楽しみを味わうためにも、裏面の解答はすぐに見ないで、まず自分なりの解答を見つけてください。

　さあ、初級の22問に挑戦してみましょう。

初級編

問題 1

　三角形の３つの内角の和は２直角で、また１つの外角は他の２つの内角の和に等しいことを示してください。これを図の△ＡＢＣに対して式で書くと、

$$\angle A + \angle B + \angle C = 2\angle R$$
$$\angle D = \angle A + \angle B$$

となります。ここに、∠Rは直角を表します。

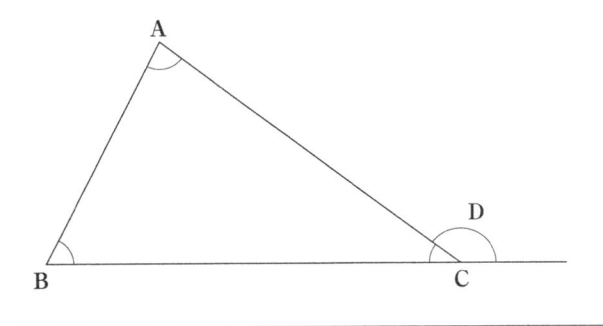

ヒント

　うまい補助線を引いて、△ＡＢＣの３つの内角を頂点Ｃに集めることを考えてください。

解 答

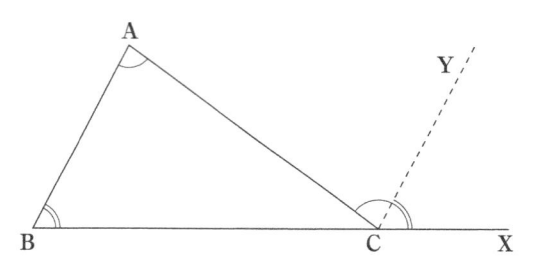

頂点Cを通って辺BAに平行な直線CYを引きます。すると、平行線の錯角は等しいことから

$$\angle A = \angle ACY$$

が成り立ち、また平行線の同位角も等しいことから

$$\angle B = \angle YCX$$

が成り立ちます。こうして、3つの内角は頂点Cに集まり、

$$\angle A + \angle B + \angle C = \angle ACY + \angle YCX + \angle BCA$$

となります。この右辺の3つの角の和は、頂点Cを通る直線の上半分の角なので、2直角であることは明らかです。

また、この式の両辺から∠C(=∠BCA)を引くと、

$$\angle A + \angle B = \angle ACY + \angle YCX = \angle D$$

となります。これは三角形の1つの外角が他の2つの内角の和に等しいことを示しています。

初級編

問題 2

円の中心Oから弦ABに垂線を下ろすと、その足Mは弦ABの中点になることを示してください。また逆に、円の中心Oと弦の中点Mを結ぶと、線分OMは円の中心Oから弦ABに下ろした垂線になることを示してください。

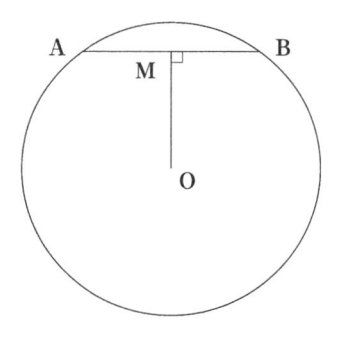

! ヒント

ノーヒントです。

解 答

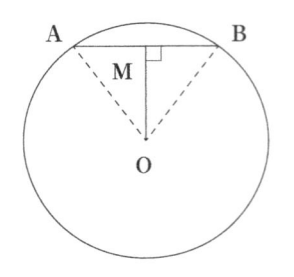

まず、中心Oから弦ABに垂線を下ろしたときを考えます。中心Oと弦の両端の点A、Bを結び、△OMAと△OMBを考えます。すると、辺OAと辺OBは円の半径のために等しく、また辺OMは共通です。さらに、∠OMAと∠OMBは直角のため、直角三角形の斜辺と他の1辺が等しくなって、この2つの三角形は合同です。これから対応する2辺の長さは等しくなり、

　　　MA＝MB

となります。

つぎに、中心Oと弦ABの中点Mを結んだときを考えます。このときは、やはり△OMAと△OMBを考えると、辺MAと辺MBは定義によって等しくなるため、三角形の対応する3辺が等しくなって、この2つの三角形は合同です。これから

　　　∠OMA＝∠OMB

となり、この2つの角の和が2直角であることに注意すると、線分OMは弦ABの垂線となります。

初級編

問題 3

　底辺と面積が等しい2つの三角形ＡＢＣ、ＤＢＣを図の配置に並べたとき、線分ＡＤと底辺ＢＣまたはその延長線との交点をＥとすれば、

　　ＡＥ＝ＤＥ

となることを示してください。

　また逆に、底辺が等しい2つの三角形を図の配置に並べたとき、上の式が成り立てば、2つの三角形の面積は等しくなることを示してください。

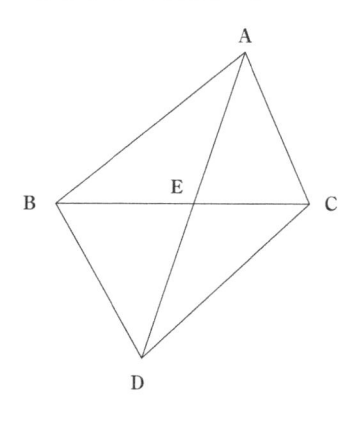

！ヒント

三角形の底辺と面積が等しいということは……。

解 答

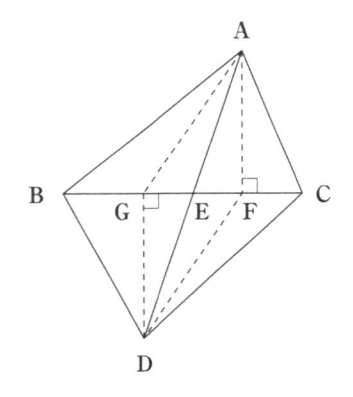

頂点Aと頂点Dのそれぞれから対辺BCに垂線を下ろし、その足をF、Gとします。すると、△ABCと△DCBの面積は等しいことから、高さも等しくなって、

AF＝DG

となります。ここで、四角形AGDFを考えると、1組の対辺AF、DGは平行で、しかもその長さは等しくなります。これから四角形AGDFは平行四辺形となり、平行四辺形の2本の対角線は互いに他を2等分することを思い起こすと、

AE＝DE ………（1）

となります。

逆に、式(1)が成り立つときは、△AEFと△DEGを考えると、∠AEFと∠DEGは対頂角で等しく、∠AFEと∠DGEは直角で等しいため、2つの三角形は合同です。こうして、対応する2辺AF、DGは等しくなります。すると、底辺BCは共通なため、2つの三角形の面積も等しくなります。

問題 4

同じ弧の上に立つ円周角はすべて等しいことを示してください。

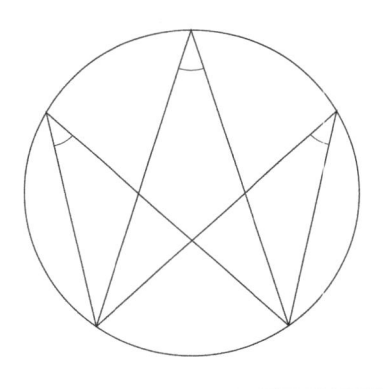

! ヒント

同じ弧の上に立つ円周角はすべて中心角の半分になります。

解 答

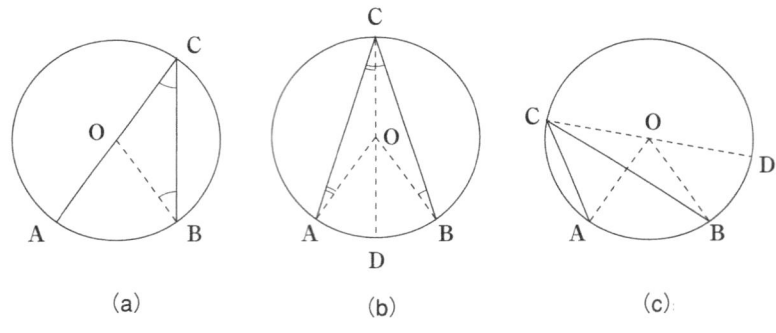

(a)　(b)　(c)

　円周角を∠ACBとして、円の中心Oがどこにくるかで場合を分けます。まず、線分ACが直径のとき(図a)は、半径OBを引くと、△OBCの2辺OB、OCはどちらも半径のため、この三角形は二等辺三角形です。すると、二等辺三角形の2つの底角は等しいため、

$$\angle OBC = \angle OCB$$

が成り立ちます。ここで、三角形の1つの外角は他の2つの内角の和に等しいことを利用すれば［問題 1］、

$$\angle AOB = \angle OBC + \angle OCB = 2\angle ACB$$

となって、∠ACBは∠AOBの半分となります。

　つぎに、中心Oが∠ACBの内部に入るとき(図b)は、点Cを通る直径CDを引いて、∠ACBを∠ACDと∠DCBの2つに分けます。すると、∠ACDは∠AODの半分、∠DCBは∠DOBの半分のため、∠ACBは∠AOBの半分

18

となります。

　最後に、中心Oが∠ACBの外側に出るとき(図c)は、直径CDを引いて、∠ACBを∠ACDと∠BCDの差と考えます。すると、∠ACDは∠AODの半分、∠BCDは∠BODの半分のため、∠ACBは∠AOBの半分となります。

　こうして、同じ弧の上に立つ円周角はつねに中心角の半分となり、等しくなります。

問題 5

2本の平行線の間に、折れ線が図のような配置にあります。x は何度になりますか。

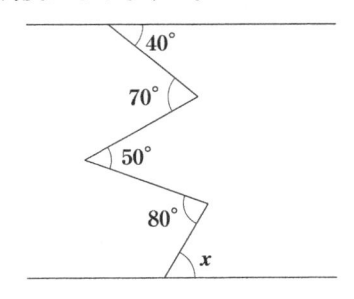

! ヒント

ノーヒントです。

解答

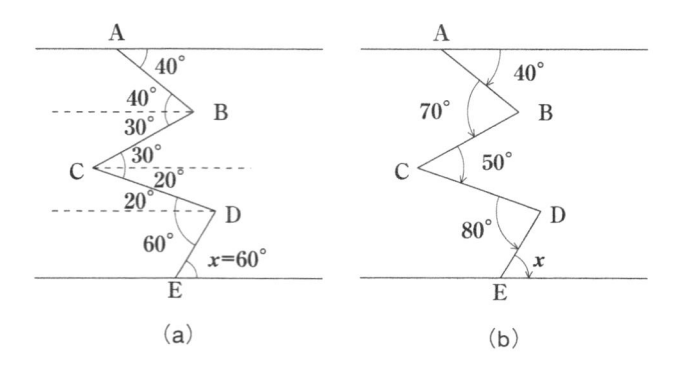

(a) 図中の角度: A から 40°、B の上 40°、下 30°、C の上 30°、下 20°、D の上 20°、下 60°、$x=60°$

(b) 図中の角度: A から 40°、70°、B、50°、C、80°、D、x、E

　図(a)のように、折れ曲がった点を上から順にA、B、C、D、Eとして、3点B、C、Dからそれぞれ平行線を引きます。すると、平行線の錯角は等しいことから、2つに分かれたそれぞれの角は、∠Bが40°と30°、∠Cが30°と20°、∠Dが20°と60°のように、上から順に決まります。これからxは60°です。

　なお、どちらの方向に折れ曲がったかを図(b)のように矢印で示すと、点Aと点Cでは時計方向にそれぞれ40°と50°、点Bと点Dでは反時計方向にそれぞれ70°と80°折れ曲がっています。これから、全体としては時計方向に

$$(40°+50°)-(70°+80°)=-60°$$

だけ折れ曲がったとして、xを60°とすることもできます。

問題 6

2本の弦ＡＢ、ＣＤが、図のように点Ｅで交わるとき、

$$AE \cdot BE = CE \cdot DE$$

となることを示してください。

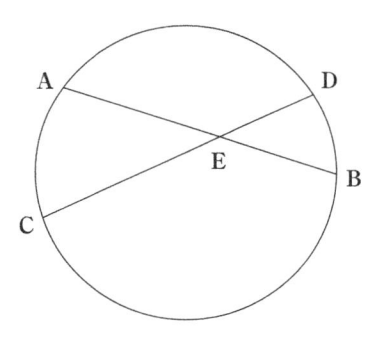

! ヒント

相似の三角形を作ってください。

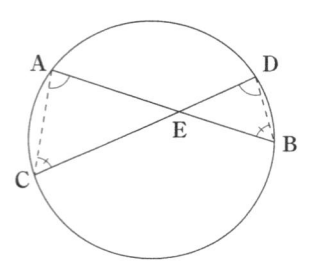

解 答

点Aと点C、点Bと点Dをそれぞれ結び、△EACと△EDBを考えると、同じ弧の上に立つ円周角は等しいので、

$$\angle ACD = \angle ABD$$
$$\angle CAB = \angle CDB$$

が成り立ちます［問題 4］。これから△EACと△EDBの対応する2つの角は等しくなり、この2つの三角形は相似形になります。このため、対応する辺の長さは比例して、

$$\frac{AE}{DE} = \frac{CE}{BE}$$

となり、変形すると

$$AE \cdot BE = CE \cdot DE$$

となります。

問題 7

円外の点Pから、この円に2本の接線を図のように引き、2つの接点をA、Bとします。すると、2本の線分PA、PBはつねに等しくなることを示してください。

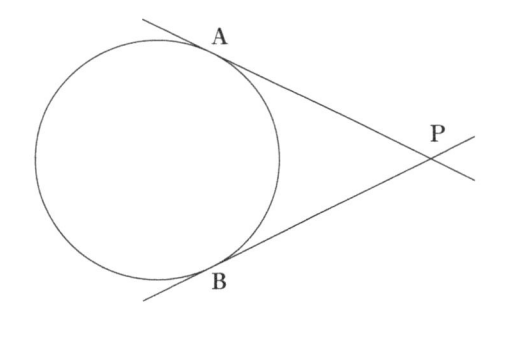

! ヒント

円外の1点からこの円に接線を引くということは、円の中心からその接線に下ろした垂線が接点を通るということです。

解 答

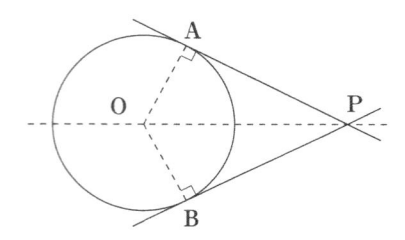

円の中心をOとして、中心Oと点Pを結びます。また、中心Oと2つの接点A、Bも結ぶと、接点の性質から∠OAPと∠OBPは直角です。そこで、△OAPと△OBPを考えると、辺OAと辺OBはどちらも円の半径のため

OA=OB

となります。また、辺OPは共通なため、この2つの直角三角形の斜辺と他の1辺はそれぞれ等しくなり、合同であることが分かります。このため、

PA=PB

が成り立ちます。

なお、この問題を直観的に考えると、全体の図形を直線OPで切り分けたとき、上下に対称な2つの図形ができるということを示しています。

問題 8

　直角三角形に外接する円を図のように描くと、その円の中心は直角三角形の斜辺の中点になることを示してください。

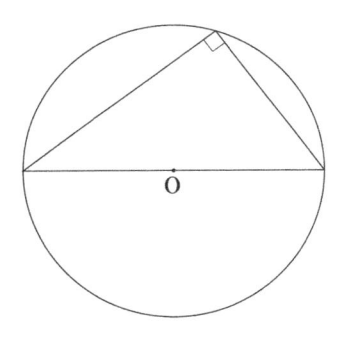

! ヒント

　ノーヒントです。

解 答

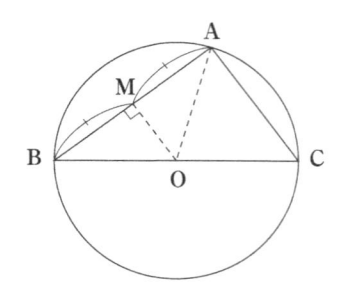

　△ABCを与えられた直角三角形として、斜辺の中点をOとします。すると、△ABCの外接円の中心が点Oになるということは、

$$OA = OB = OC$$

ということです。このうち、OB＝OCは点Oの定義なので、OA＝OBを示せば十分です。

　いま、点Oから辺ABに垂線を下ろし、その足をMとして、△BMOと△BACを考えます。すると、∠ABCは共通で、∠BMOと∠BACはどちらも直角です。このため、2つの三角形は相似形になり、辺BOが辺BCの半分であることから、線分BMも辺BAの半分になります。これから、点Mは辺ABの中点になります。

　つぎに、△OMAと△OMBを考えると、いま示したように辺MAと辺MBは等しく、また辺OMは共通です。しかも、∠BMOと∠AMOはどちらも直角なので、2つの三角形は2辺とその挟角が等しくなって合同です。これから

$$OA = OB$$

となり、点Oは直角三角形の外接円の中心になります。

問題 9

円に内接する△ABCと頂点Bでこの円に接する接線XYを図のように引くと、

∠BAC＝∠YBC
∠BCA＝∠XBA

が成り立つことを示してください。

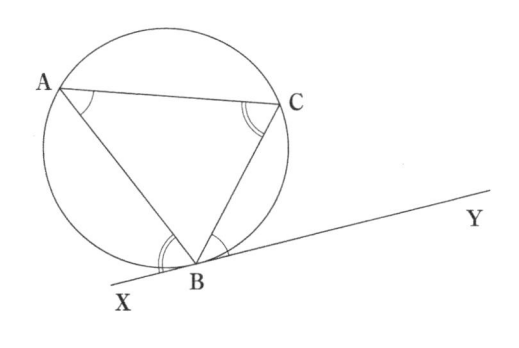

!ヒント

同じ弧の上に立つ円周角は等しいので、頂点Bが接点であることを考慮して、特別の円周角に移すことを考えてください。

解 答

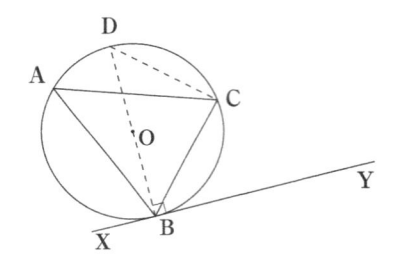

2つの式は頂点Aと頂点Cの役割を入れ換えただけなので、最初の式を示します。図のように、接点Bから接線XYに垂線を立てると、この垂線は中心Oを通ります。そこで、垂線とこの円とのもう1つの交点をDとして、点Dと2点B、Cをそれぞれ結びます。すると、直径BDの中心角は2直角なので、その円周角は直角です［問題 4］。こうして、△DBCは頂点Cを直角とする直角三角形となり、

$$\angle BDC + \angle DBC = \angle R \quad \cdots\cdots (1)$$

となります。一方、∠YBDは直線XYが接線のため

$$\angle YBC + \angle DBC = \angle R \quad \cdots\cdots (2)$$

となります。式(1)と式(2)から∠DBCを消去すれば、

$$\angle BDC = \angle YBC$$

となります。ここで、∠BACと∠BDCは同じ弧の上に立つ円周角であることに注意すれば、

$$\angle BAC = \angle BDC = \angle YBC$$

が成り立ちます。

初級編

問 題 10

　円に内接する四角形では、1つの頂点の外角はその頂点と向かい合う頂点の内角と等しいことを示してください。

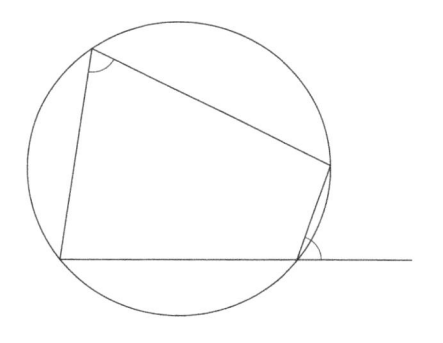

! ヒント

　四角形の向かい合う1組の頂点に対して、それぞれの内角を円周角と解釈したときの中心角を考えてみてください。

解 答

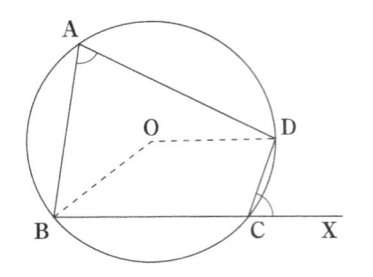

　　円に内接する四角形を図のＡＢＣＤ、円の中心をＯとして、中心Ｏと２頂点Ｂ、Ｄをそれぞれ結びます。すると、頂点Ａと頂点Ｃの内角をそれぞれ円周角と解釈したとき、それぞれの中心角∠ＤＯＢと∠ＢＯＤは中心Ｏに集まって、円の中心をちょうど一回転します。これは直角を∠Ｒで表したとき、

$$\angle DOB + \angle BOD = 4\angle R$$

となることを示すため、円周角が中心角の半分であることに注意すれば［問題　４］、

$$\angle DAB + \angle BCD = 2\angle R \quad \cdots\cdots (1)$$

となります。

　一方、１つの頂点の内角と外角の和は２直角のため、

$$\angle BCD + \angle XCD = 2\angle R \quad \cdots\cdots (2)$$

は明らかです。式(1)、(2)から∠ＢＣＤを消去すれば

$$\angle DAB = \angle XCD$$

が得られます。

問題 11

定規とコンパスを使って、与えられた線分を3等分してください。

————————————————
A   B

! ヒント

作図の基本といえるもので、補助線1本で見事に解決します。

解 答

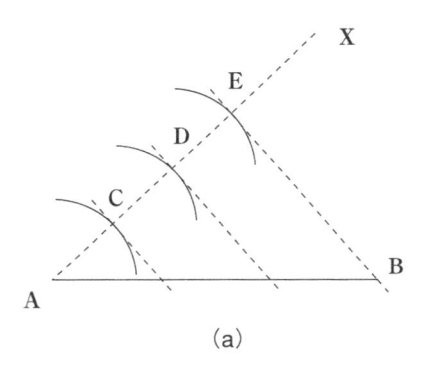

点Aを通る任意の直線AXを引き、点Aからコンパスで等間隔になる点C、点D、点Eを図(a)のように求めます。つぎに、点Bと点Eを結び、線分EBと平行になるように、点Cと点Dからそれぞれ平行線を引けば、線分ABとの交点が求める点になります。この理由はほとんど明らかです。

(a)

この作図では平行線を引くので、この方法も念のために示しておきます。図(b)において、直線XYと点Pが与えられているとして、直線XYに平行な直線PZを求めます。まず、直線XY上の任意の点Aと点Pを結びます。つぎに、点Aと点Pを中心として同じ半径の円を描き、3点B、C、Qを求めます。点Qを中心として、線分BCを半径とする円を描けば、点Pを中心とした円との交点Rは平行線PZ上にのっています。

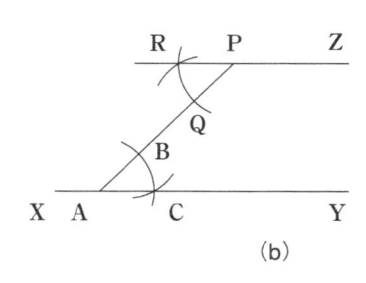

(b)

初級編

問題 12

　図のように、5稜星（かどが5つある星）と7稜星を任意の形に描きます。すると、外側に突き出た5つの角の和は、つねに2直角になることを示してください。なお、nが奇数ならば、同じことはn稜星のときも成り立つことを示してください。

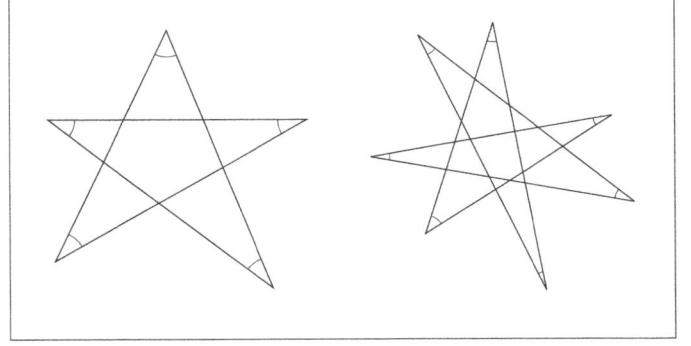

！ヒント

　［問題 1］と同じように、外側に突き出た5つの角を1点に集めるようにしてください。

解 答

(a)

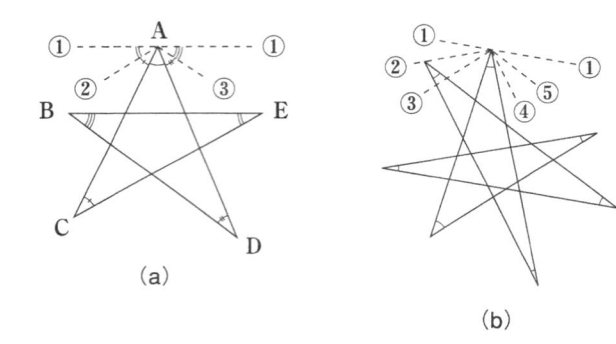

(b)

　5稜星の外側に突き出た5つの頂点をA、B、C、D、Eとして、図(a)のように、点Aを通って線分BEに平行な直線と、線分CEと線分DBに平行な半直線を引きます。すると、たとえば∠Eは①と②の間の角と等しいというようにして、外側に突き出た5つの角はすべて頂点Aに集められます。この和はちょうど①の直線の下側の角と一致するので、外側に突き出た5つの角の和は2直角になります。同じようにして、7稜星のときも図(b)のように1つの頂点に集めれば、その和はやはり2直角になります。

　この方法は、nが奇数であれば、任意のn稜星にもそのまま適用できます。

初級編

問題 13

△ABCにおいて、頂点Aから対辺BCに下ろした内角の二等分線をAD、外角の二等分線をAEとすると、

AB：AC＝BD：CD＝BE：CE

が成り立つことを示してください。

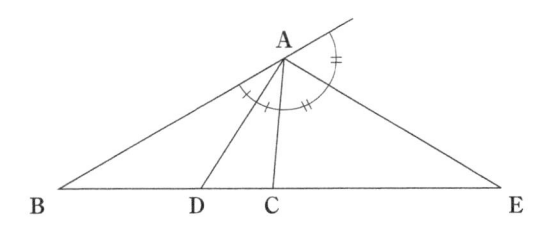

！ヒント

辺に下ろした垂線を活用してください。

解 答

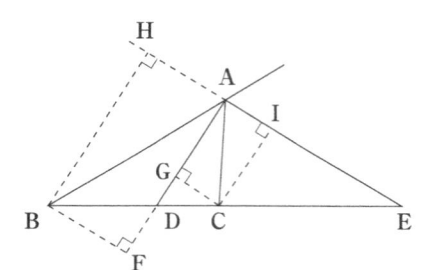

頂点Bと頂点Cから内角の二等分線に垂線を下ろし、その足を図のF、Gとして、△BFDと△CGDを考えます。すると、∠BDFと∠CDGは対頂角で等しく、∠BFDと∠CGDはどちらも直角なので、2つの三角形は相似形です。このため、

BF：CG＝BD：CD

となります。つぎに、△ABFと△ACGを考えると、やはり2つの三角形は相似形となり、

BF：CG＝AB：AC

が成り立ちます。この式を前の式に代入すれば、

AB：AC＝BD：CD

となります。同じように、外角の二等分線に垂線BH、CIを下ろすと、△BHEと△CIE、△ABHと△ACIはそれぞれ相似形になるので、

AB：AC＝BH：CI＝BE：CE

となり、AB：AC＝BD：CD＝BE：CE が成り立ちます。

問題 14

任意の四角形ＡＢＣＤにおいて、４つの辺ＡＢ、ＢＣ、ＣＤ、ＤＡの中点をその順にＥ、Ｆ、Ｇ、Ｈとします。すると、これらの中点を結んだ四角形ＥＦＧＨは平行四辺形になることを示してください。

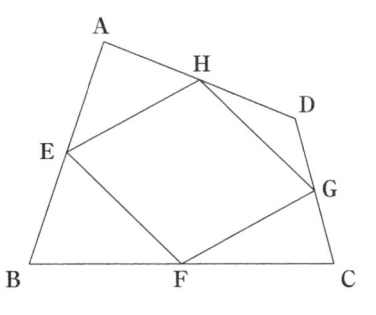

ヒント

ノーヒントです。

解答

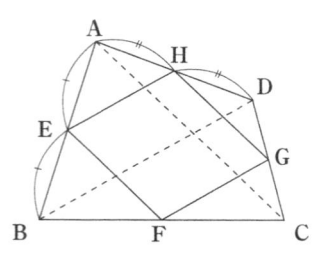

 2本の対角線AC、BDを図のように引き、まず△ABDを考えます。すると、2点E、Hはそれぞれ辺AB、辺ADの中点のため、線分EHは対角線BDに平行です。つぎに、△CBDを考えると、2点F、Gはそれぞれ辺CB、辺CDの中点のため、線分FGは対角線BDに平行です。こうして、線分EHと線分FGはどちらも対角線BDに平行になるため、線分EHと線分FGは平行です。同じようにして、△BACと△DACをそれぞれ考えると、線分EFと線分HGはどちらも対角線ACに平行になるため、線分EFと線分HGは平行です。

 こうして、線分EHと線分FG、線分EFと線分HGはそれぞれ平行になるため、四角形EFGHは平行四辺形になります。

初級編

問題 15

　円外の点Pから、この円に交わる2本の直線を図のように引き、それぞれの交点をAとB、CとDとします。すると、

　　　PA・PB＝PC・PD

が成り立つことを示してください。

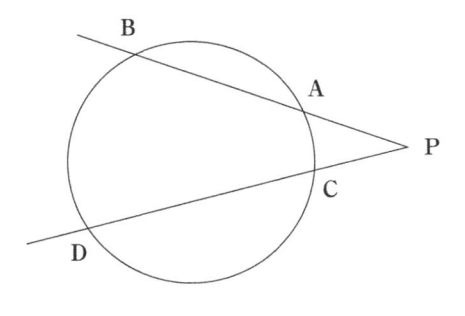

！ヒント

　特別の場合として、点Pからこの円に引いた接線を考えてください。

解 答

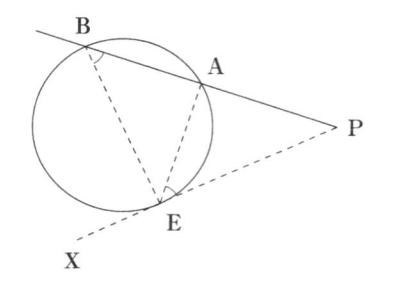

点Pからこの円に接線PXを引き、その接点をEとします。すると、△ABEはこの円に内接する三角形で、直線PXは△ABEの頂点Eにおける接線となります。このため、［問題 9］で示したように、

$$\angle EBA = \angle PEA$$

が成り立ちます。

ここで、△PAEと△PEBを考えると、∠BPEは共通なため、対応する2組の頂角は等しくなって、2つの三角形は相似形です。このため、対応する2辺の長さは比例して、

$$PA : PE = PE : PB$$

となります。これを変形すれば

$$PA \cdot PB = PE^2$$

となります。これは点Pからこの円に交わる直線をどのように引いても、点Pからこの円の2つの交点までの長さの積がつねに点Pから接点までの距離の2乗になることを示しているので、その値はつねに一定です。

問 題 16

　図の平行四辺形ＡＢＣＤにおいて、辺ＢＣの中点をＥとします。点Ａと点Ｅを結び、この線分が対角線と交わる点をＦとします。すると、

　　ＢＦ：ＦＤ＝１：２

となることを示してください。

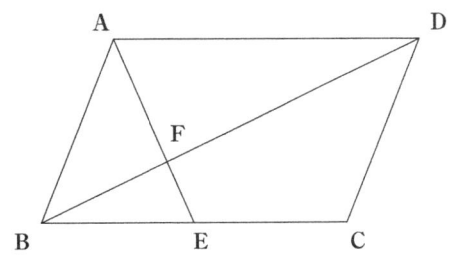

! ヒント

もう一つ平行四辺形を作ってください。

解 答

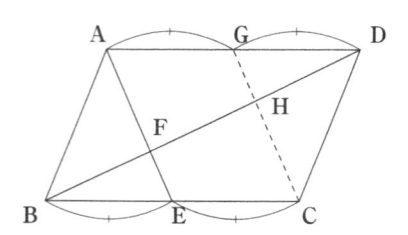

辺ADの中点をGとして、点Gと点Cを図のように結びます。すると、線分AGと線分ECは平行で、しかもその長さは平行四辺形の横の辺の長さの半分なので等しくなります。このため、四角形AECGは平行四辺形です。

いま、対角線BDと線分CGの交点をHとして、△BEFと△BCHを考えると、辺EFと辺CHが平行なため、この2つの三角形は相似形です。このため、線分BEと線分ECの長さが等しいことから、

　　　BF＝FH

が成り立ちます。これと同じことを△DGHと△DAFについても考えると、

　　　DH＝HF

が成り立つので、

　　　BF：FD＝1：2

となります。

問題 17

△ABCの3つの頂点からそれぞれの対辺に下ろした垂線は、1点(垂心)で交わることを示してください。

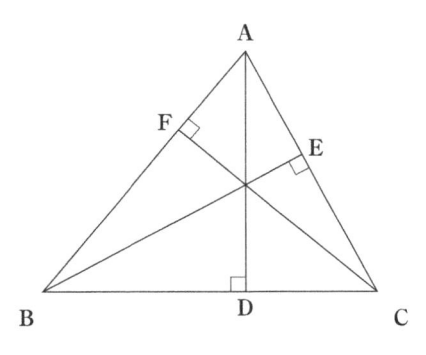

! ヒント

3つの平行四辺形ができます。

解 答

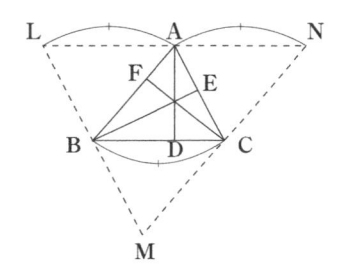

△ＡＢＣの３つの頂点Ａ、Ｂ、Ｃを通って対辺ＢＣ、ＣＡ、ＡＢに平行線を引き、２本ずつの平行線の交点をＬ、Ｍ、Ｎとします。

いま、四角形ＬＢＣＡを考えると、辺ＬＡと辺ＢＣ、辺ＬＢと辺ＡＣはそれぞれ平行なため、この四角形は平行四辺形になります。このため、向かい合う２辺は等しくなり、

　　ＬＡ＝ＢＣ

が成り立ちます。同じようにして、四角形ＡＢＣＮでは、

　　ＡＮ＝ＢＣ

が成り立つので、

　　ＬＡ＝ＡＮ

となります。すると、線分ＬＮと辺ＢＣが平行なため、線分ＡＤは辺ＮＬの垂直二等分線となります。

これと同じ方法で、２本の線分ＢＥ、ＣＦもそれぞれ２辺ＬＭ、ＭＮの垂直二等分線となるので、△ＬＭＮの３本の垂直二等分線が外心で交わることを利用すれば、△ＡＢＣの３本の垂線は１点（垂心）で交わります。

問題 18

△ABCの2辺AB、BCをそれぞれ2等分する点をD、Eとし、辺ACを3等分する点をF、Gとします。点Dと点G、点Eと点Fをそれぞれ結び、その交点をHとすると、線分HDと線分HGの長さの比はいくらになりますか。

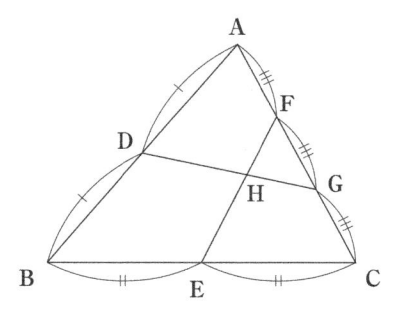

!ヒント

補助線1本で、簡単に解決します。

解 答

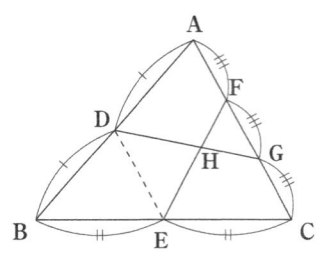

　　点Dと点Eを結ぶと、点Dは辺ABの中点、点Eは辺BCの中点のため、線分DEは辺ACに平行になります。これから△BDEは△BACと相似形になり、△BDEの各辺の長さは△BACの対応する各辺の長さの半分となり、辺DEも辺ACの半分です。

　つぎに、△HDEと△HGFを考えると、平行線の錯角は等しいため、

　　∠HDE＝∠HGF
　　∠HED＝∠HFG

となって、この2つの三角形は相似形です。このため、対応する2辺の長さは比例して

　　$HD：HG＝DE：GF＝\frac{1}{2}：\frac{1}{3}＝3：2$

となります。なお、これから分かるように、

　　HE：HF＝3：2

も成り立ちます。

問題 19

　△ＡＢＣの３つの辺の外側に正方形ＡＤＥＢ、ＢＦＧＣ、ＣＨＩＡを図のように描き、その間に３つの△ＡＩＤ、△ＢＥＦ、△ＣＧＨを作ります。すると、これら３つの三角形の面積は等しくなることを示してください。

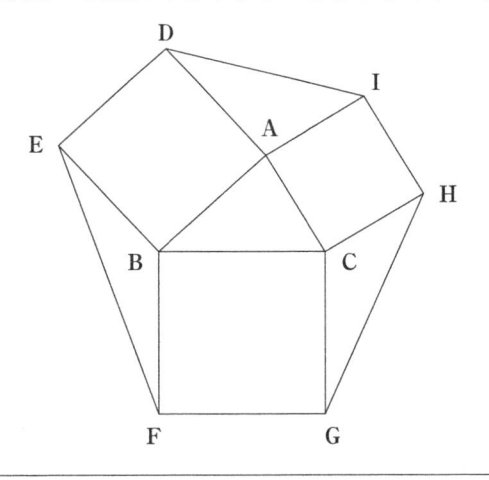

ヒント

　外側のどの三角形も中央の△ＡＢＣの面積に等しくなります。

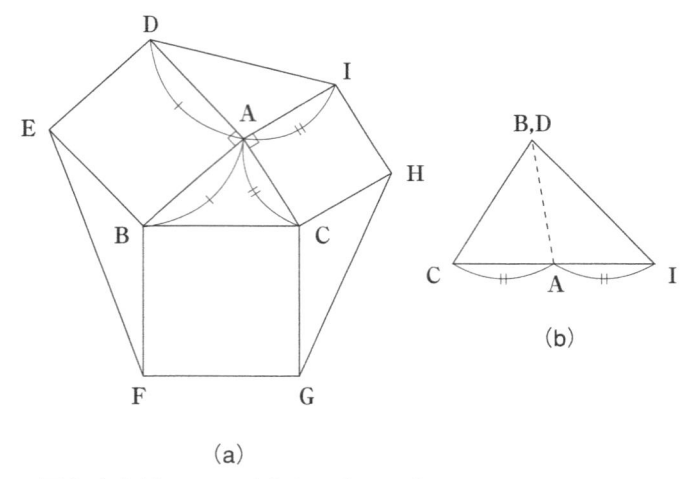

解 答

(a)

(b)

図(a)を見ると、頂点Aに集まる角は∠BAC、∠CAI、∠IAD、∠DABの4つです。この合計は4直角で、左右の2つの角は直角のため、残りの∠BACと∠IADの和は2直角です。ここで、△ABCの辺ABと△AIDの辺ADが等しいことに注意すると、この2辺を重ね合わせて、図(b)の配置にすることができます。このとき、∠BACと∠IADの和は2直角のため、3点C、A、Iは一直線上に並びます。このため、△ABCの底辺をCA、△AIDの底辺をAIとすると、2つの三角形の高さは等しくなります。ところが、底辺CAと底辺AIは同じ長さなので、2つの三角形の面積は等しくなります。同じようにして、△BEFと△CGHの面積も△ABCの面積に等しくなるので、外側の3つの三角形の面積は等しくなります。

問題 20

平行四辺形ＡＢＣＤの対角線ＡＣに平行な直線が２辺ＡＢ、ＢＣと交わる点をそれぞれＥ、ＦとすれΔＡＥＤと△ＣＤＦの面積は等しくなることを示してください。

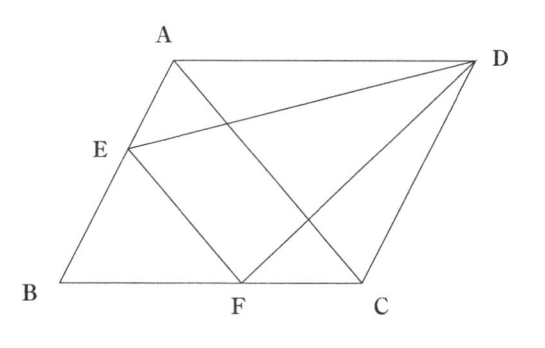

! ヒント

等しい面積の三角形を作って、それを仲介に使います。

解 答

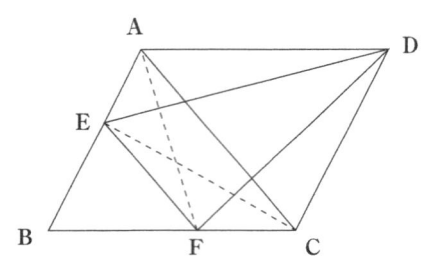

点Aと点F、点Eと点Cをそれぞれ結び、まず△AEDと△AECの面積を比べます。すると、底辺AEは共通で、辺ABと辺DCは平行なため、高さも等しくなります。このため、

　　　△AEDの面積＝△AECの面積 ………（1）

となります。つぎに、△CDFと△CAFの面積を比べると、底辺FCは共通で、辺ADと辺BCは平行なため、高さも等しくなります。このため、

　　　△CDFの面積＝△CAFの面積 ………（2）

となります。最後に、△CAFと△AECの面積を比べると、底辺ACは共通で、対角線ACと線分EFは平行なため、高さも等しくなります。このため、

　　　△CAFの面積＝△AECの面積 ………（3）

となります。こうして、式(1)と式(2)と式(3)から、

　　　△CDFの面積＝△AEDの面積

が成り立ちます。

初級編

問題 21

　△ＡＢＣの頂点Ａから対辺ＢＣに下ろした中線をＡＭとして、中線ＡＭの中点をＤとします。点Ｃと点Ｄを結び、それを点Ｄの方向に延長して、辺ＡＢとの交点をＥとすると、△ＢＥＣの面積は△ＡＥＣの面積の２倍になることを示してください。

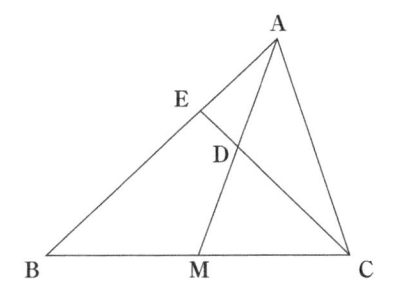

ヒント

　高さが同じなので、底辺ＥＢが底辺ＡＥの２倍になることを示してください。

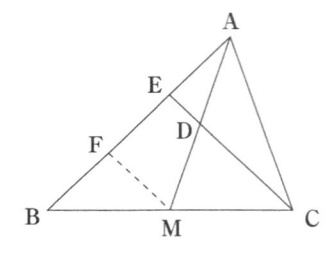

解 答

点Mを通って線分CEに平行線を引き、辺ABとの交点をFとします。まず、△BMFと△BCEを考えると、それぞれの底辺MF、CEは平行なため、∠BFMと∠BECは等しくなり、また∠FBMは共通です。このため、2つの三角形は相似形になります。ここで、線分BMと線分MCが等しいことに注意すると、

　　　BF＝FE ………（1）

となります。

つぎに、△AEDと△AFMを考えると、それぞれの底辺ED、FMは平行なため、∠AEDと∠AFMは等しくなります。また、∠EADは共通なため、2つの三角形は相似形です。ここで、線分ADと線分DMが等しいことに注意すると、

　　　AE＝EF ………（2）

となります。すると、式（1）と式（2）から

　　　AE＝EF＝BF

となり、線分EBは線分AEの2倍です。このため、これらを底辺にもつ△BECの面積は△AECの面積の2倍です。

初級編

問題 22

　△ＡＢＣの底辺ＢＣ上に点Ｐを任意にとり、この点を通る直線で△ＡＢＣを２つに切り分けます。このとき、２つの図形の面積を等しくするには、どのように切り分ければよいでしょうか。

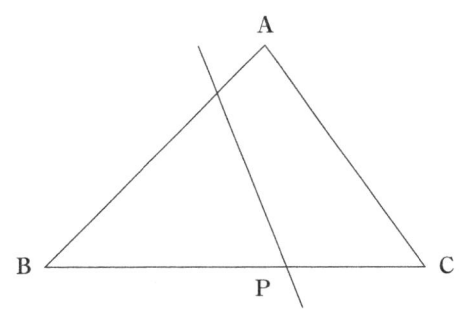

! ヒント

点Ｐが特別な場合を考えて、それと比べてみてください。

解 答

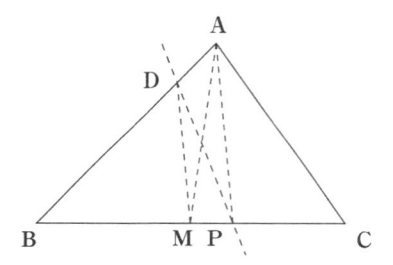

　点Ｐがちょうど辺ＢＣの中点Ｍに一致したときは、図のように、頂点Ａからの中線で切り分ければ、２つの三角形の面積は等しくなります。このため、点Ｐが辺ＢＣの中点Ｍと一致しないときは、もし線分ＤＰで切り分ければよいとすると、△ＡＢＭと△ＤＢＰの面積は等しくなります。これから共通部分の△ＤＢＭを除くと、残りは△ＤＡＭと△ＤＰＭになるので、底辺を辺ＤＭにとれば、２つの三角形の高さは等しくなります。これは線分ＤＭと線分ＡＰが平行であることを意味するので、点Ｄをつぎのように求めることができます。

　まず、頂点Ａと点Ｐを結び、また頂点Ａと辺ＢＣの中点Ｍも結びます。つぎに、点Ｍを通って、線分ＡＰと平行な直線を引き、辺ＡＢまたは辺ＡＣとの交点をＤとします。すると、点Ｐと点Ｄを結ぶ直線で切り分ければ、△ＡＢＣは２つの等しい面積の図形に分けられます。

中級編

中級編

　中級編の問題は、努力すれば高学年の中学生にも挑戦できる問題で、高校生には手ごろな応用問題といえます。ちょっとした補助線の引き方ひとつで一気に解決する問題を集めましたが、その補助線に気がつかないと、かなり難渋するかもしれません。それだけに、補助線を見つけたときの気分は爽快です。裏面の解答を見るまえに、ぜひ読者自身で挑戦してみてください。この本の解答はあくまでも参考程度と考えて、自分の解答と比べてみることを期待しています。

　さあ、中級の29問に挑戦してみましょう。

問 題 23

円の直径ＡＢ上に点Ｃを任意にとり、

$$\angle ACD = \angle BCE$$

を満たすように２点Ｄ、Ｅを円周上にとると、△ＡＣＤと△ＥＣＢは相似形になることを示してください。

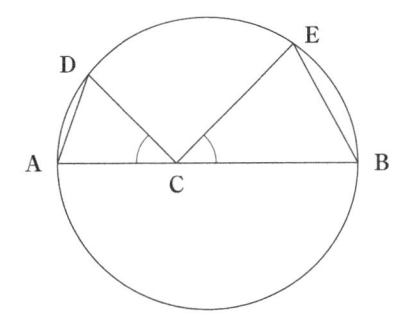

! ヒント

直径ＡＢに対して対称な位置にある円周上の点を考えてみてください。

解 答

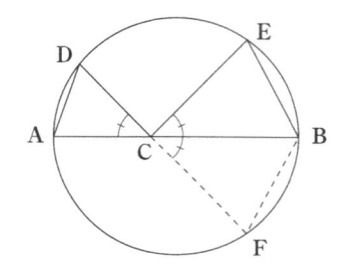

　　直径ＡＢに対して、点Ｅと対称な位置にある円周上の点をＦとして、点Ｆと２点Ｃ、Ｂを結びます。すると、△ＥＣＢと△ＦＣＢは上下に対称なので合同です。これから対応する２角∠ＢＣＥと∠ＢＣＦは等しくなります。ところが、円周上の２点Ｄ、Ｅは∠ＡＣＤと∠ＢＣＥが等しくなるようにとったので、

　　∠ＡＣＤ＝∠ＢＣＦ

が成り立ちます。これは点Ｃで向かい合う対頂角が等しいことを意味するので、３点Ａ、Ｃ、Ｂが一直線上に並んでいることから、３点Ｄ、Ｃ、Ｆも一直線上に並びます。これから∠ＤＡＢと∠ＤＦＢは同じ弧の上に立つ円周角となり、

　　∠ＤＡＢ＝∠ＤＦＢ

となります［問題　4］。こうして、△ＡＣＤと△ＦＣＢの対応する２組の角は等しくなり、２つの三角形は相似形となります。すると、△ＥＣＢと△ＦＣＢは合同なため、△ＡＣＤと△ＥＣＢも相似形になることが分かります。

中級編

問題 24

∠XOYの二等分線上に点Aをとり、2点O、Aを通る任意の円を作ります。この円と直線OX、OYとの交点をそれぞれP、Qとすると、OP＋OQの値は円の作り方に関係なく、つねに一定の値になることを示してください。

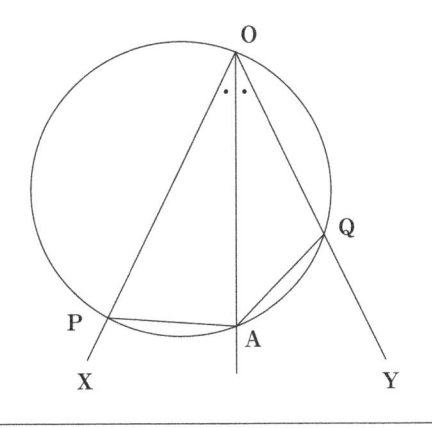

! ヒント

2点O、Aを通る円として、特別の円を考えてください。

解 答

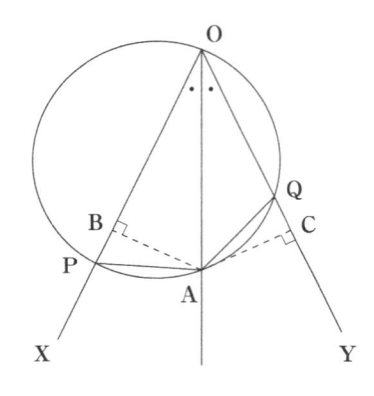

　点Aから2直線OX、OYに垂線AB、ACを下ろすと、2点B、Cは線分OAを直径とする円が2直線OX、OYと交わる点となっているので［問題 8］、2点P、Qの特別の場合に当たります。このため、

$$OB+OC=OP+OQ$$

を示せば十分です。

　いま、△ABPと△ACQを考えると、辺ABと辺ACは∠XOYの二等分線上の点から2直線OX、OYに下ろした垂線なので等しくなります。また、∠AQCは円に内接する四角形OPAQの頂点Qにおける外角なので、∠APBと∠AQCも等しくなります［問題 10］。さらに、∠ABPと∠ACQはどちらも直角なので、△ABPと△ACQは合同になり、対応する2辺BP、CQは等しくなります。こうして、

$$OP+OQ=(OB+BP)+(OC-CQ)$$
$$=OB+OC$$

が成り立ちます。

中級編

問題 25

△ABCの3辺BC、CA、ABの上に正三角形DCB、EAC、FBAをそれぞれ図のように作ります。すると、3本の線分AD、BE、CFは1点で交わることを示してください。

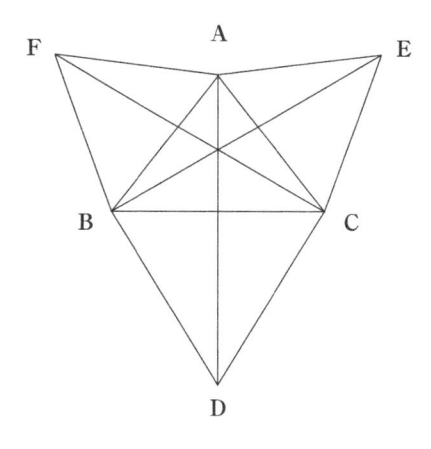

! ヒント

2つの正三角形EAC、FBAの外接円をそれぞれ作り、その交点を求めてみてください。

解 答

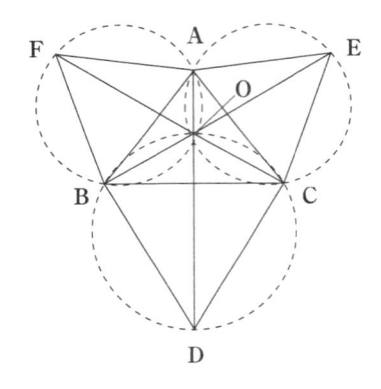

2つの正三角形ＥＡＣ、ＦＢＡの外接円を図のように作り、その交点をＯとして、点Ｏと3点Ａ、Ｂ、Ｃを結びます。すると、円に内接する四角形の対角の和は2直角のため、∠ＡＯＢと∠ＡＯＣはどちらも120°です[問題 10]。すると、点Ｏに集まる残りの角は

$$\angle BOC = 360° - (\angle AOB + \angle AOC) = 120°$$

となるため、∠ＢＯＣと∠ＢＤＣの和は2直角となり、4点Ｏ、Ｂ、Ｄ、Ｃは同じ円周上にのります。ここで、3つの弧ＡＥ、ＥＣ、ＣＤの上に立つ3組の円周角に着目すると、

$$\angle AOE = \angle ACE = 60°$$
$$\angle EOC = \angle EAC = 60°$$
$$\angle COD = \angle CBD = 60°$$

となり[問題 4]、左辺の和は180°となります。これは3点Ａ、Ｏ、Ｄが一直線上に並ぶことを示しています。

問題 26

長方形ＡＢＣＤの辺ＡＤ上の点Ｐから、２本の対角線ＡＣ、ＢＤに向かって垂線ＰＦ、ＰＧを図のように下ろします。すると、点Ｐを辺ＡＤ上のどこにとっても、２本の垂線の長さの和は一定であることを示してください。

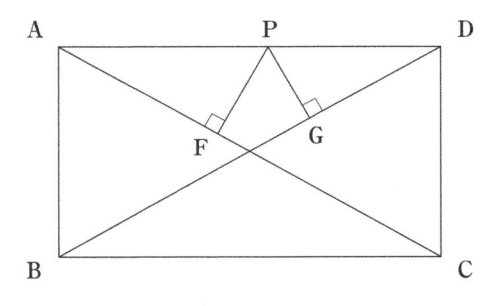

ヒント

点Ｐが辺ＡＤ上の特別な点のときを考えれば、うまい補助線が見つかります。

解 答

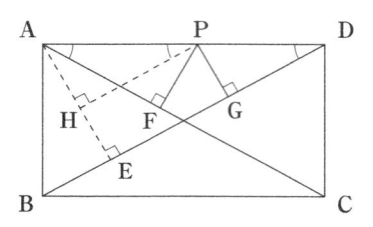

点Pが頂点Aに一致したときは、この点から対角線ACに下ろした垂線の長さは0となり、対角線BDに下ろした垂線AEの長さだけになります。このため、辺AD上の任意の点Pから2本の対角線に下ろした垂線の長さの和が垂線AEの長さに等しくなることを示せば十分です。

点Pから線分AEに垂線PHを下ろすと、四角形PHEGは長方形のため、辺PGと辺HEは等しくなります。そこで、△APFと△PAHを考えると、底辺APは共通で、∠AFPと∠PHAは直角です。また、四角形ABCDは長方形のために∠PAFと∠ADBは等しくなり、線分HPと対角線BDも平行なため∠APHと∠ADBは等しくなります。これから∠PAFと∠APHは等しくなり、さらに∠APFと∠PAHも等しくなって、△AFPと△PHAは合同です。こうして、

PF = AH

が得られたので、

AE = PF + PG

となります。

問題 27

円に内接する四角形ABCDにおいて、2本の対角線AC、BDを図のように引くと、

AB・CD+BC・AD=AC・BD

が成り立つことを示してください。

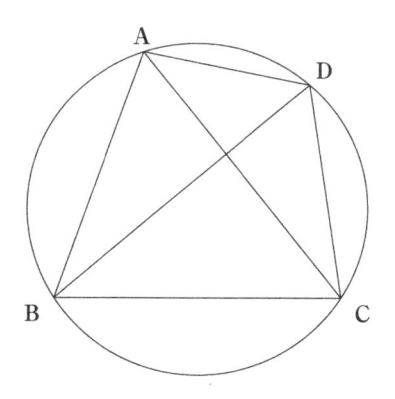

! ヒント

頂点Dから対角線AC上の1点に向かって、うまい補助線を引くことを考えてください。補助線1本で解けます。

解 答

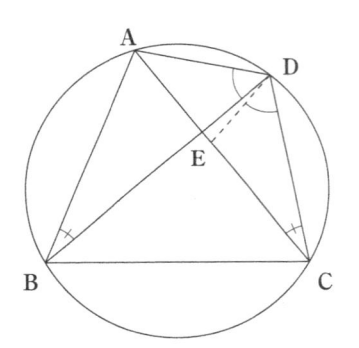

図において、対角線ＡＣ上の点Ｅを

∠ＡＤＢ＝∠ＥＤＣ

となるようにとり、線分ＤＥを引きます。ここで、同じ弧の上に立つ円周角は等しいことを思い起こすと［問題 4］、

∠ＡＢＤ＝∠ＡＣＤ

となり、△ＤＡＢと△ＤＥＣの対応する２組の内角は等しくなって、この２つの三角形は相似形になります。このため、対応する２辺の長さは比例して、

ＡＢ：ＥＣ＝ＢＤ：ＣＤ

が成り立ちます。これを変形すると、

ＡＢ・ＣＤ＝ＥＣ・ＢＤ ……… （１）

となります。同じ考察を△ＤＢＣと△ＤＡＥについても行え

ば、この2つの三角形も相似形になり、

　　　BC：AE＝BD：AD

が成り立ちます。これを変形すると、

　　　BC・AD＝AE・BD　………（2）

となるので、式(1)と式(2)を辺々加えれば、

　　　AB・CD＋BC・AD
　　　　＝EC・BD＋AE・BD
　　　　＝(EC＋AE)・BD
　　　　＝AC・BD

が得られます。なお、この関係を「トレミーの定理」と呼んでいます。

中級編

問題 28

　正方形ＡＢＣＤを図のように折り曲げて、頂点Ｂが辺ＡＤの垂直二等分線上にのるようにします。すると、∠ＢＣＥは何度になりますか。

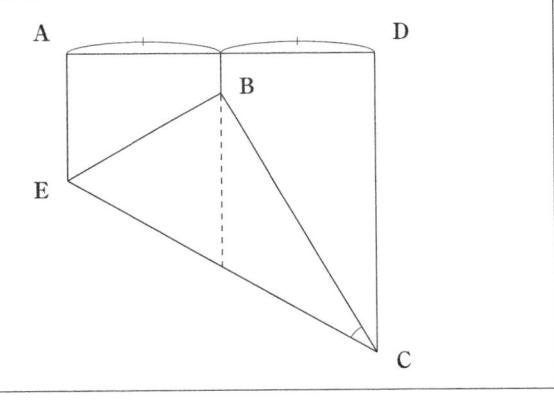

!ヒント

　△ＣＢＥと合同な三角形ができるような補助線を考えてください。

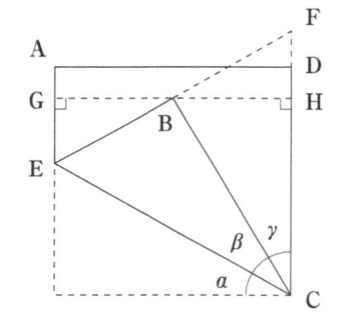

解 答

頂点Cに集まる角を∠α、∠β、∠γとすると、∠βは∠αを折り返したものなので、∠βと∠αは等しくなります。そこで、∠βと∠γの関係を調べてみます。

線分EBと辺CDをそれぞれ延長して、その交点をFとします。また、点Bを通って辺ADに平行な線分GHを引き、△BEGと△BFHを考えます。すると、∠EBGと∠FBHは対頂角で等しく、∠BGEと∠BHFは直角です。また、辺GBと辺HBは等しくなるようにとったので、2つの三角形は合同です。これから

　　BE＝BF ………（1）

が成り立ちます。

つぎに、△CBEと△CBFを考えると、辺CBは共通で、∠CBEと∠CBFは直角なため、式(1)に注意すると、この2つの三角形は合同です。これから∠βと∠γも等しくなり、∠αと∠βが等しいことから、

　　∠α＝∠β＝∠γ

が成り立ちます。こうして、∠βは30°になります。

問題 29

　△ＡＢＣの紙から、図のような長方形を切り取ることを考えます。長方形の面積を最大にするには、どのように切り取ればよいでしょうか。ただし、長方形の縦と横の割合は問題にしません。

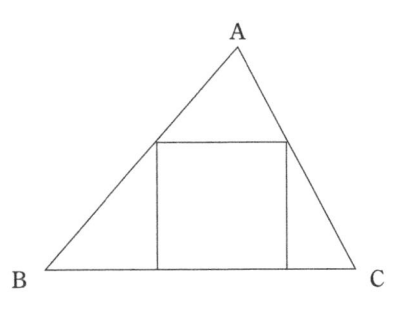

！ヒント

　長方形の外にはみ出た３つの三角形を長方形のなかに折り返してみてください。

解 答

　長方形の高さが三角形の高さの半分以下のときは、長方形の外に出ている3つの三角形を長方形のなかに折り返すと、下側に突き出る部分ができるため、長方形の面積は三角形の面積の半分以下です。

　長方形の高さが三角形の高さの半分以上のときは、3つの三角形を長方形のなかに折り返すと、重なりの部分ができるため、長方形の面積は三角形の面積の半分以下です。

　ところが、長方形の高さがちょうど三角形の高さの半分のときは、3つの三角形を長方形のなかに折り返すと、重なりも隙間もできず、ぴたりと長方形のなかに収まるため、長方形の面積は三角形の面積の半分です。こうして、長方形の高さを三角形の高さの半分にすれば面積は最大になります。なお、これから分かるように、長方形の底辺を三角形のどの辺にとっても、長方形の面積は同じになります。

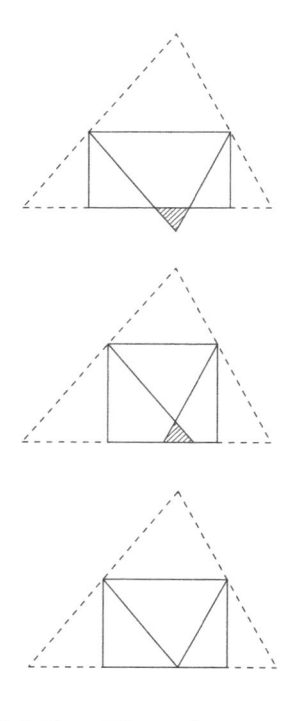

問題 30

半径10の円周を12等分し、この円に内接する正十二角形を作ると、その面積はいくらになりますか。

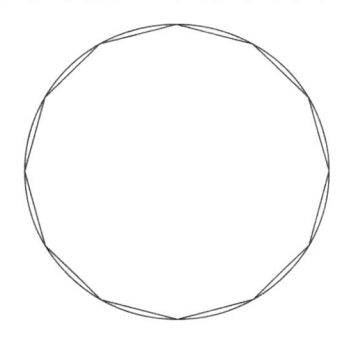

! ヒント

ノーヒントです。

解 答

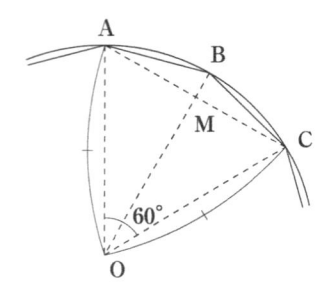

　図のように、正十二角形の一部を抜き出して、隣り合う3つの頂点をA、B、Cとします。いま、中心Oと3点A、B、Cを結び、さらに点Aと点Cも結んで、半径OBと線分ACの交点をMとします。すると、∠AOCは

$$\angle \mathrm{AOC} = \frac{360°}{12} \times 2 = 60°$$

となるので、△OACは正三角形です。このため、△OABの底辺OBは10となり、高さAMはその半分の5です。これから、△OABの面積は

$$\triangle \mathrm{OAB} = \frac{\mathrm{OB} \cdot \mathrm{AM}}{2} = \frac{10 \times 5}{2} = 25$$

となります。このため、四角形OABCの面積はこの2倍の50となります。すると、正十二角形はそれと合同な四角形を6つ含むので、その面積は300（＝50×6）となります。

問題 31

2本の直線AB、CDは、それを紙面の左側に延長すると交わります。しかし、紙面が大きくないため、紙面のなかでは交点は描けません。この2直線の間に点Pを与えたとき、紙面のなかだけで、点Pから交点に向かって直線を引くには、どのようにすればよいでしょうか。

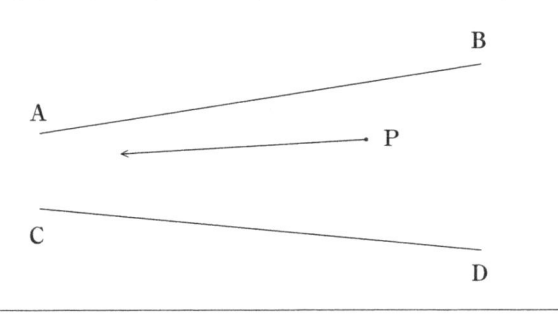

! ヒント

縮尺した図形を考えれば、紙面のなかだけで交点は求められます。

解 答

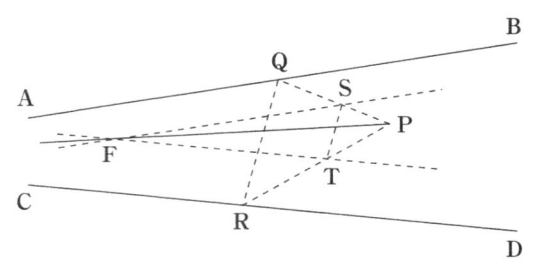

　図のように、2本の直線AB、CD上にそれぞれ点Qと点Rを任意にとり、△PQRを作ります。つぎに、辺QRに平行な線分STを△PQRのなかに任意に作り、点Sを通って直線ABに平行な直線と、点Tを通って直線CDに平行な直線を引きます。この交点をFとして、点Pと点Fを結べば、この直線は2本の直線AB、CDの交点を確実に通ります。

　この理由はほとんど明らかですが、念のために説明します。2直線AB、CDの交点をEとして、四角形PQERを作ったと想定します。いま、点Pを固定し、交点Eを線分EP上にのるようにしながら、四角形PQERを徐々に縮小すると、△PQRと△PSTが相似形のため、確実に四角形PSFTに達します。このことは、3点E、F、Pが一直線上に並んでいることを示すもので、△PSTを十分小さくとれば、点Fを紙面のなかで確実に求められます。

問題 32

　△ABCの2つの頂点B、Cから対辺AC、ABにそれぞれ垂線BD、CEを図のように下ろし、線分DEの中点をFとします。辺BCの中点をMとして、2点F、Mを結ぶと、線分MFは線分DEと直角に交わることを示してください。

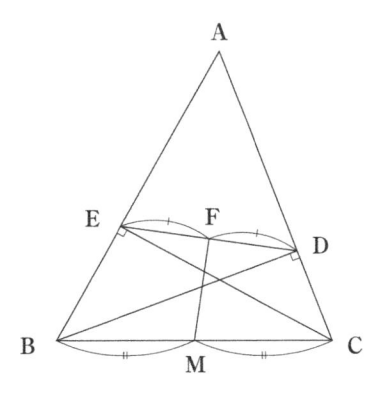

! ヒント

二等辺三角形の垂直二等分線になります。

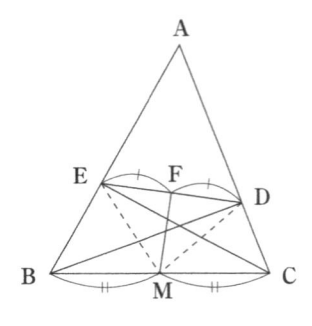

解 答

　辺ＢＣの中点Ｍと２点Ｄ、Ｅを図のように結び、まず△ＥＢＣを考えます。すると、線分ＣＥは辺ＡＢへ下ろした垂線なので、△ＥＢＣは直角三角形です。ここで、点Ｍは斜辺ＢＣの中点であることに注意すると、点Ｍは△ＥＢＣの外接円の中心となり［問題　８］、

　　ＭＢ＝ＭＥ＝ＭＣ

が成り立ちます。

　同じように△ＤＢＣを考えると、点Ｍは△ＤＢＣの外接円の中心となって、

　　ＭＢ＝ＭＤ＝ＭＣ

が成り立ちます。これから△ＭＤＥの２辺ＭＤ、ＭＥは等しくなり、△ＭＤＥは二等辺三角形となります。すると、点Ｆはこの二等辺三角形の底辺の中点になっているので、頂点Ｍと中点Ｆを結ぶ線分は頂点Ｍから対辺に下ろした垂線となります。こうして、線分ＭＦは線分ＤＥと直角に交わります。

問題 33

　正三角形の内部に点Ｐをとり、この点から３辺に垂線を下ろします。すると、３本の垂線の長さの和はつねに一定になることを示してください。

　また、これと同じことは、正方形や正五角形のような正多角形でもいえることを示してください。

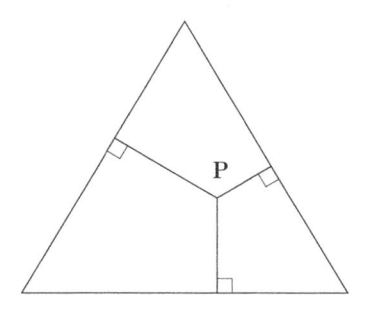

!ヒント

ノーヒントです。

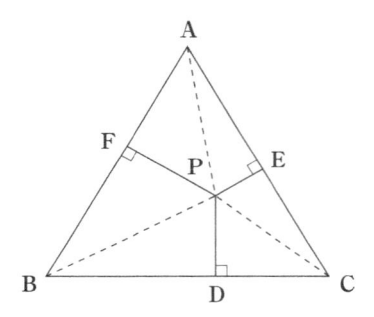

解 答

図のように、点Pと正三角形の3つの頂点を結び、正三角形を△PAB、△PBC、△PCAに切り分けます。また、点Pから3つの辺に下ろした垂線をPD、PE、PFとして、その長さをh_1、h_2、h_3で表します。すると、正三角形の1辺の長さをaとしたとき、正三角形の面積は

$$\frac{ah_1}{2} + \frac{ah_2}{2} + \frac{ah_3}{2} = \frac{a(h_1+h_2+h_3)}{2}$$

となります。この値はもちろん一定で、正三角形の高さをhとすると$\frac{ah}{2}$で表されます。こうして、

$$h = h_1 + h_2 + h_3$$

が成り立ちます。

一般の正n角形のときも、内部の点Pから各辺に下ろした垂線の長さをh_1、h_2、…、h_nとすれば、まったく同じ方法で、$h_1 + h_2 + \cdots + h_n$は一定の値になります。

中級編

問題 34

弦ＡＢと弦ＣＤが円内の点Ｐで左の図のように交わるときは、∠ＡＰＣは弧ＡＣの上に立つ円周角と弧ＢＤの上に立つ円周角の和に等しく、また円外の点Ｐで右の図のように交わるときは、∠ＡＰＣは弧ＡＣの上に立つ円周角と弧ＢＤの上に立つ円周角の差に等しいことを示してください。

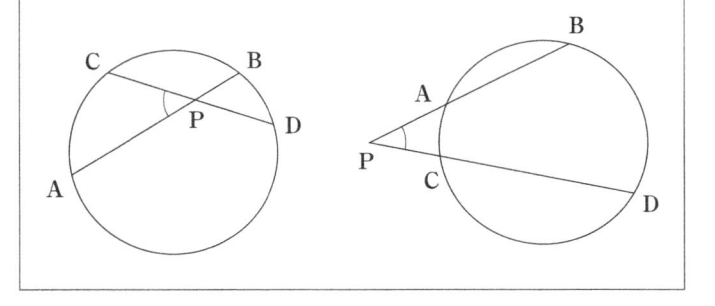

ヒント

∠ＣＰＡと同じ大きさの円周角を作ってみてください。

解 答

(a)　　　　　　　(b)

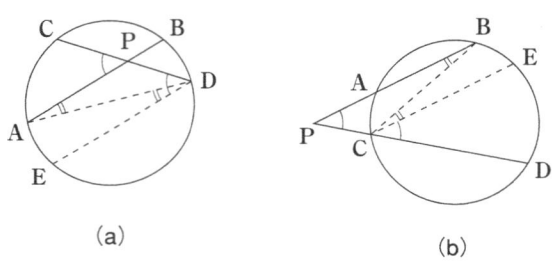

　交点Pが円内にあるときは、点Dから弦ABに平行な弦EDを図(a)のように引くと、平行線の同位角は等しいので

　　∠APC＝∠EDC

となります。ここで、点Aと点Dを結ぶと、

　　∠EDC＝∠ADC＋∠EDA

は明らかで、右辺の第1項の∠ADCは弧ACの上に立つ円周角です。また、平行線の錯角は等しいことから、右辺の第2項の∠EDAは

　　∠EDA＝∠BAD

となり、∠BADは弧BDの上に立つ円周角です。

　交点Pが円外にあるときは、点Cから弦ABに平行な弦CEを図(b)のように引くと、平行線の同位角は等しいので

　　∠APC＝∠ECD

となります。ここで、点Bと点Cを結ぶと、

$$\angle ECD = \angle BCD - \angle ECB$$

は明らかで、右辺の第1項の∠BCDは弧BDの上に立つ円周角です。また、平行線の錯角は等しいことから、右辺の第2項の∠ECBは

$$\angle ECB = \angle ABC$$

となり、∠ABCは弧ACの上に立つ円周角です。

　なお、この関係を「アルハゼンの定理」と呼んでいます。

問題 35

正方形ＡＢＣＤの１組の対辺ＡＢ、ＣＤ上にそれぞれ点Ｅ、Ｆをとり、線分ＥＦに垂直な任意の線分ＧＨを図のように作ります。すると、

　　ＥＦ＝ＧＨ

となることを示してください。

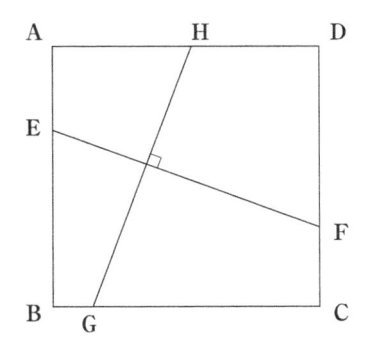

!ヒント

ノーヒントです。

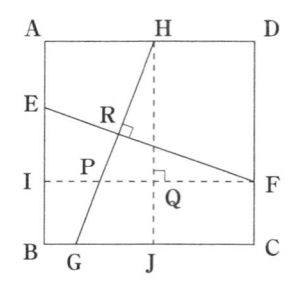

解 答

図のように、点Fから辺ADに平行線を引き、辺ABとの交点をI、線分HGとの交点をPとします。また、点Hから辺ABに平行線を引き、辺BCとの交点をJ、線分FIとの交点をQとします。さらに、線分EFと線分GHとの交点をRとします。

まず、△FRPと△HQPを考えると、∠FRPと∠HQPはどちらも直角で、∠FPRは共通です。このため、残りの角も等しくなって、

　　∠PFR＝∠PHQ　………（1）

となります。つぎに、△FEIと△HGJを考えると、

　　FI＝HJ

は明らかで、∠FIEと∠HJGはどちらも直角です。このため、式(1)に注意すると、△FEIと△HGJは合同です。こうして、対応する2辺は等しくなり、

　　EF＝GH

となります。

問題 36

△ABCの3辺AB、BC、CA上、またはその延長線上にそれぞれ3点D、E、Fをとったとき、この3点が一直線上にのっていれば、

$$\frac{AD}{BD} \cdot \frac{BE}{CE} \cdot \frac{CF}{AF} = 1$$

が成り立つことを示してください。

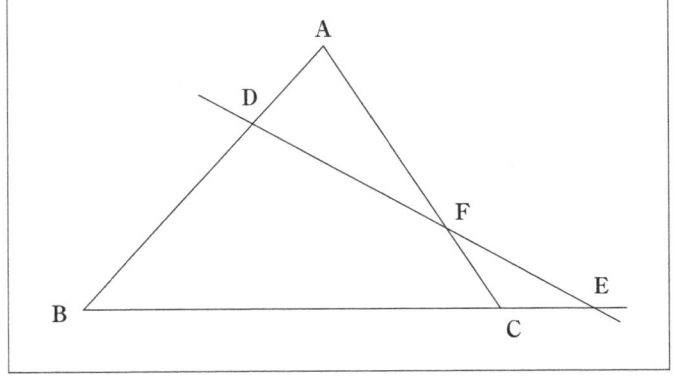

!ヒント

これもノーヒントです。

解答

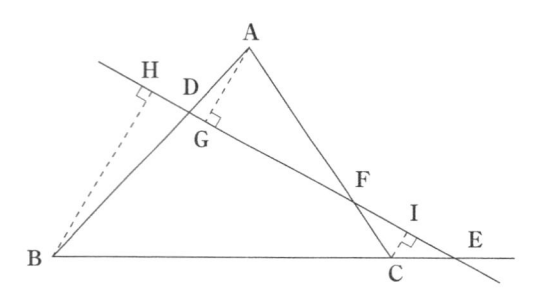

図のように、△ABCの3頂点から直線DE上に下ろした垂線をそれぞれAG、BH、CIとすると、△DAGと△DBH、△FCIと△FAG、△EBHと△ECIがそれぞれ相似形であることから、

$$\frac{AD}{BD} = \frac{AG}{BH}, \quad \frac{CF}{AF} = \frac{CI}{AG}, \quad \frac{BE}{CE} = \frac{BH}{CI}$$

が成り立ちます。これらの式を辺々かけ合わせれば

$$\frac{AD}{BD} \cdot \frac{BE}{CE} \cdot \frac{CF}{AF} = \frac{AG}{BH} \cdot \frac{BH}{CI} \cdot \frac{CI}{AG} = 1$$

となり、

$$\frac{AD}{BD} \cdot \frac{BE}{CE} \cdot \frac{CF}{AF} = 1$$

が成り立ちます。なお、この関係式を「メネラウスの定理」と呼んでいます。

中級編

問題 37

∠ACBを直角とする直角三角形において、2辺AB、ACの外側にそれぞれ正方形DEBA、ACGFを図のように作ります。辺ACを点Aの方向へ延長した直線と線分DFとの交点をHとすると、

　　BC＝2AH

となることを示してください。

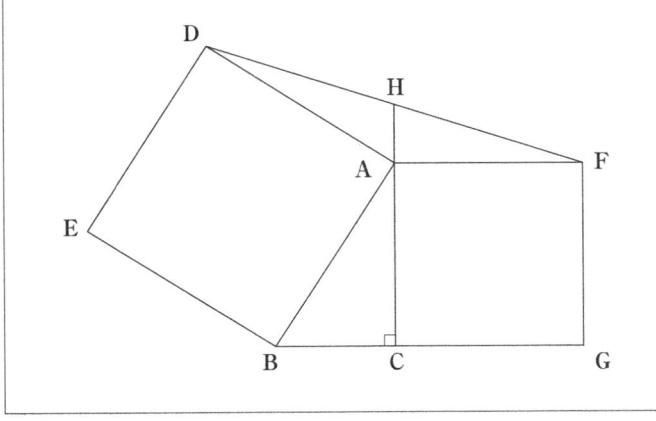

!ヒント

△ABCと合同になる三角形ができる補助線を考えてください。

解答

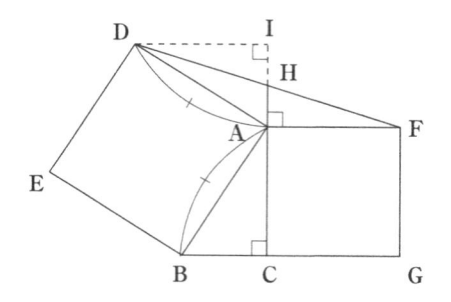

線分CHを点Hの方向へさらに延長し、この直線に点Dから下ろした垂線の足をIとして、△ABCと△DAIを考えます。まず、∠CABと∠CBAの和と∠CABと∠IADの和がどちらも直角のため、∠CBAと∠IADは等しくなります。すると、∠CABと∠IDAも等しくなるので、2辺AB、DAが等しいことから△ABCと△DAIは合同です。これから

　　AC＝DI　………（1）
　　BC＝AI　………（2）

となります。つぎに、△HAFと△HIDを考えると、∠AHFと∠IHDは対頂角で等しく、∠HAFと∠HIDはどちらも直角です。また、式（1）と正方形ACGFに注意すると、辺FAと辺DIは等しくなるので、△HAFと△HIDは合同です。これから点Hは線分AIの中点になり、式（2）に注意すると

　　BC＝2AH

となります。

問題 38

△ABCの3つの頂点A、B、Cから対辺BC、CA、ABに垂線AD、BE、CFを図のように下ろします。すると、3本の垂線の交点として得られた垂心Oは△DEFの内心になっていることを示してください。

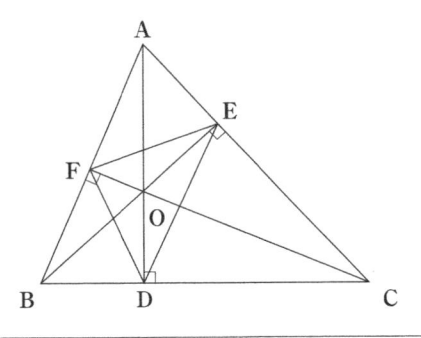

!ヒント

4点A、F、O、Eは1つの円周上にのります。同じように4点C、E、O、Dもそれぞれ1つの円周上にのります。

解 答

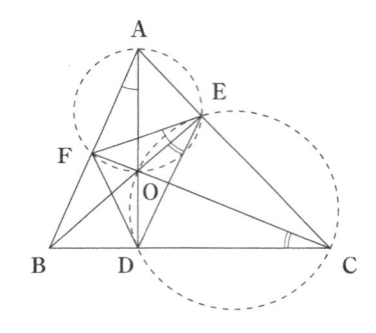

∠OECと∠ODCはどちらも直角なので、4点O、D、C、Eは1つの円周上にのります［問題8］。すると、∠OEDと∠OCDは同じ弧の上に立つ円周角なので、等しくなります［問題4］。同様に、∠OEFと∠OAFも等しくなります。ここで、△CBFと△ABDを考えると、∠CFBと∠ADBは直角のため、

　　∠CBF＋∠BCF＝∠ABD＋∠BAD

となります。この両辺から∠CBF（＝∠ABD）を引けば、

　　∠BCF＝∠BAD

となり、∠OEDと∠OCD、∠OEFと∠OAFがそれぞれ等しいことから、∠OEDと∠OEFも等しくなって、線分OEは∠DEFの二等分線になります。同様にして、2本の線分OD、OFもそれぞれ∠FDE、∠EFDの二等分線となるため、点Oは△DEFの内心となります。なお、3頂点から下ろした垂線の足で作った三角形を垂足三角形と呼んでいます。

中級編

問題 39

三角形の3つの頂点から、対辺を2：1に分ける点に向かって、それぞれ1本ずつの線分を図のように引きます。すると、内部にできた小さな三角形の面積は、もとの三角形の面積の何分のいくつになりますか。

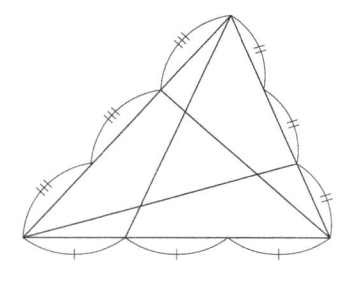

!ヒント

内部の小さな三角形と合同の三角形を敷き詰めることを考えてください。

解 答

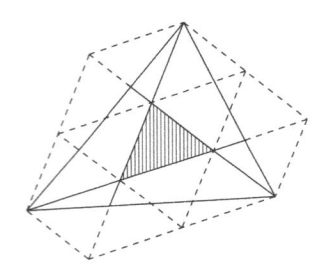

　図のように、内部の小さな三角形に斜線を引き、その三角形の3つの頂点と、もとの大きな三角形の3つの頂点のそれぞれから、内部の小さな三角形の3辺に平行な直線を引いてみます。すると、もとの三角形を取り囲む大きな六角形ができて、そのなかに斜線の三角形と同じ形の三角形が全部で13個含まれています。

　ここで、もとの三角形の外に出ている3つの細長い三角形を見ると、それぞれの三角形の面積は斜線の三角形の面積の2個分に当たることに気がつきます。これはそれぞれの細長い三角形を逆向きに抱き合わせた平行四辺形のなかに、斜線の三角形が4個ずつ含まれているからです。こうして、もとの三角形の外に出ている3つの細長い三角形の面積の合計は、斜線の三角形の面積の6個分になります。これを引くと、もとの三角形の内部には斜線の三角形が7個分含まれていることになり、これから斜線の三角形の面積はもとの三角形の面積の $\frac{1}{7}$ であることが分かります。

問題 40

円の直径ＡＢの一方の端点Ａにおいて、直角に交わる２本の弦ＡＣ、ＡＤを図のように引きます。すると、点Ｐを弧ＡＣ上に任意にとったとき、△ＰＡＣと△ＰＡＤの面積の和は△ＰＡＢの面積と等しくなることを示してください。

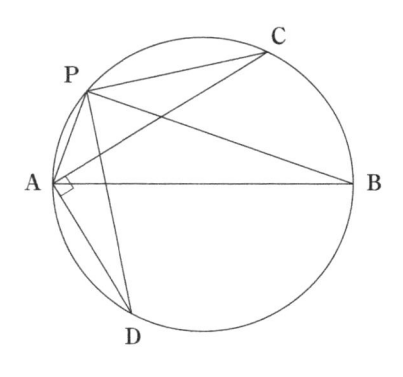

ヒント

点Ｃと点Ｄ、点Ｐと円の中心をそれぞれ結び、△ＣＡＤと△ＣＰＤと四角形ＰＡＤＣの面積を考えてください。

解 答

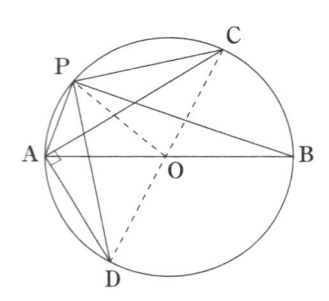

円の中心をOとして、点Oと点P、点Cと点Dをそれぞれ結びます。すると、∠CADが直角のため、弦CDは直径となって、中心Oを通ります。

つぎに、四角形PADCを考えると、この四角形は

　　△PAC+△AOC+△ADO
　　△PAD+△PDO+△POC
　　△POC+△PAO+△ADO

の3通りに分解できるので、1番目と2番目の和を3番目の2倍に等しいとおくと、

　　(△PAC+△AOC+△ADO)
　　　　+(△PAD+△PDO+△POC)
　　　　=2(△POC+△PAO+△ADO)

となります。両辺から同じ項を消去して変形すると、

$$\triangle PAC + \triangle PAD - 2\triangle PAO$$
$$= \triangle POC + \triangle ADO - \triangle AOC - \triangle PDO$$

となり、△POCと△PDO、△ADOと△AOCの面積がそれぞれ等しいことに注意すると、左辺の面積は0になります。このため、

(△PAC＋△PAD)の面積＝△PAOの面積の2倍

となり、△PAOと△OPBの面積が等しいことから

△PAOの面積の2倍＝△PABの面積

が成り立って、△PACと△PADの面積の和は△PABの面積に等しくなります。

中級編

問題 41

正方形ＡＢＣＤの内部に

$$\angle PBC = \angle PCB = 15°$$

となるように点Ｐをとり、点Ａと点Ｐ、点Ｄと点Ｐをそれぞれ図のように結びます。すると、∠ＡＰＤは何度になりますか。

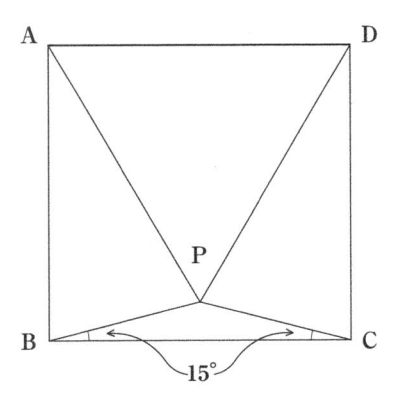

! ヒント

正方形の１辺と同じ辺の長さの正三角形を、どこかに加えてみてください。

解 答

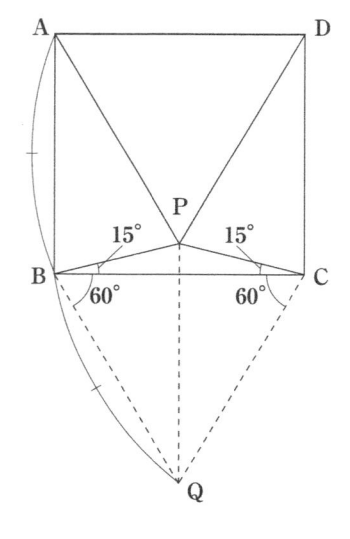

図のように、正方形ＡＢＣＤの下側に正三角形ＱＢＣを加え、点Ｑと点Ｐを結ぶと、△ＰＢＡと△ＰＢＱはまず辺ＰＢが共通で、２辺ＡＢ、ＱＢは作図から同じ長さになっています。また、その挟角は

$\angle$ＡＢＰ
　$=\angle$ＡＢＣ$-\angle$ＰＢＣ
　$=90°-15°=75°$
$\angle$ＱＢＰ
　$=\angle$ＱＢＣ$+\angle$ＣＢＰ
　$=60°+15°=75°$

で等しくなります。こうして、△ＰＢＡと△ＰＢＱは合同になり、∠ＢＱＰが正三角形の頂角の半分であることから、

$\angle$ＢＡＰ$=\angle$ＢＱＰ$=30°$

となり、∠ＰＡＤは60°になります。

同様に∠ＰＤＡも60°となり、∠ＡＰＤは

$\angle$ＡＰＤ$=180°-(\angle$ＰＡＤ$+\angle$ＰＤＡ$)=60°$

です。なお、これから△ＰＡＤは正三角形であることも分かります。

中級編

問題 42

　△ABCの2辺AB、AC上にそれぞれ正方形DEBA、FACGを図のように作り、頂点Aから対辺BCに垂線AHを下ろします。この垂線を点Aの方向へ逆に延長して、線分DFとの交点をIとすれば、点Iは線分DFの中点になることを示してください。

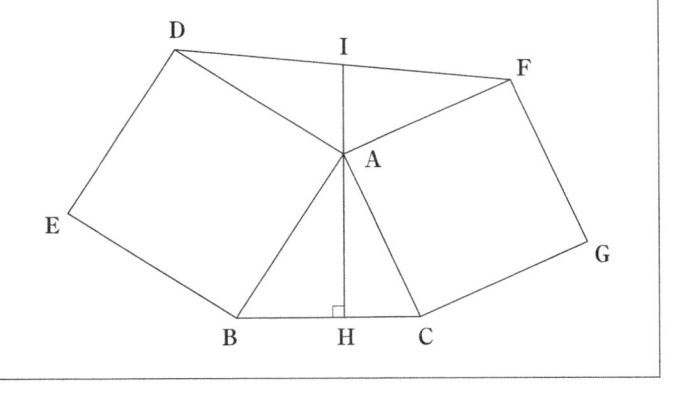

! ヒント

　線分HAを点Aの方向へ点Iを突き抜けた線分を考えてみてください。どれだけ延長するかがポイントです。

解 答

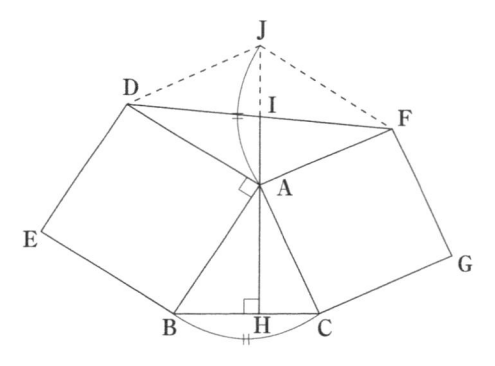

線分HAを点Aの方向へ点Iを突き抜けて線分BCの長さだけ延長した点をJとして、点Jと2点D、Fをそれぞれ結びます。

いま、△ABCと△DAJを考えると、辺ABと辺DAは正方形の2辺のために等しく、また∠AHBと∠BADはどちらも直角なことから、∠ABHと∠DAJが等しくなり、△ABCと△DAJは合同です。これから、

　　DJ＝AC＝FA

となります。同じようにして、△ABCと△FJAを考えると、この2つの三角形も合同になって

　　FJ＝AB＝DA

です。こうして、四角形JDAFの2組の対辺は等しくなり、平行四辺形であることが分かります。このため、2本の対角線は互いに他を2等分して、点Iは線分DFの中点となります。

問題 43

正方形ＡＢＣＤの中心をＯとして、２点Ａ、Ｏを通る任意の円が２辺ＡＢ、ＡＤとそれぞれ図のＰ、Ｑで交わるとします。すると、

　　ＡＰ＋ＡＱ＝ＡＤ

となることを示してください。

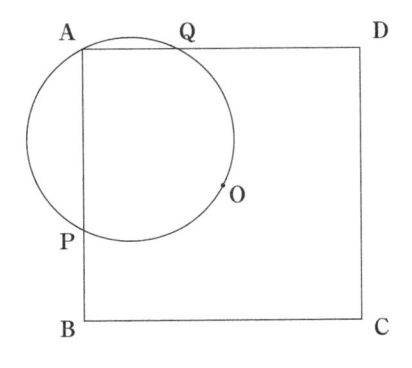

！ヒント

ノーヒントです。

解 答

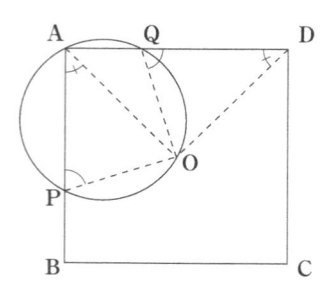

　点Oと4点P、A、Q、Dを結び、△OAPと△ODQを考えます。すると、点Oは正方形ABCDの中心なので、線分OAと線分ODは等しくなり、∠OAPと∠ODQはどちらも45°なので等しくなります。また、四角形APOQを考えると、これは円に内接しているので、∠OPAと∠OQDは等しくなります［問題 10］。このため、∠AOPと∠DOQも等しくなり、△OAPと△ODQは2角とその挟辺が等しくなって合同です。このため、対応する2辺は等しくなり、

$$AP = DQ$$

です。これから

$$AD = AQ + QD = AQ + AP$$

となります。

問題 44

　図のように、円の直径をＡＢ、これと交わらない任意の弦をＣＤとして、２点Ｃ、Ｄから直径ＡＢにそれぞれ垂線ＣＥ、ＤＦを下ろします。すると、弦の中点をＭとして、△ＭＥＦを作ったとき、この三角形は二等辺三角形になることを示してください。

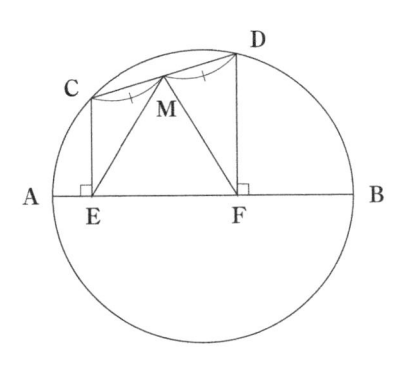

ヒント

　線分ＣＥを点Ｅの方向に延長して、円との交点を求めると、この点が強力な役割を果たします。

解答

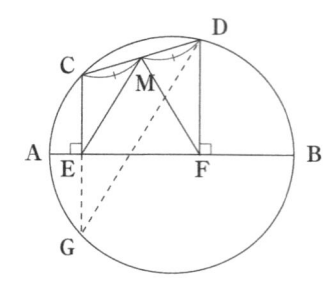

　垂線CEを点Eの方向に延長し、円との交点をGとします。すると、∠CEAと∠GEAは直角なため、たとえば△CAEと△GAEを考えることによって、線分CEと線分GEは等しくなります。

　つぎに、点Dと点Gを結んで△CGDを作ると、点Eと点Mはそれぞれ2辺CG、CDの中点になっているため、線分EMは辺GDと平行になります。これから∠CEMと∠CGDも等しくなります。このことは、∠CEMが弧CDの上に立つ円周角に等しいことを示しています。すると、垂線DFを点Fの方向に延長し、やはり円との交点を求めれば、まったく同じ方法で∠DFMも弧CDの上に立つ円周角に等しくなります。ここで、同じ弧の上に立つ円周角は等しいことを利用すれば［問題 4］、∠CEMと∠DFMは等しくなり、∠CEFと∠DFEがどちらも直角なことから

　　　∠MEF＝∠MFE

が成り立ちます。こうして、△MEFの2つの底角は等しくなり、△MEFは二等辺三角形になります。

問題 45

図の直角二等辺三角形ＡＢＣにおいて、点Ｄは∠ＡＢＤが30°で、

　　ＢＡ＝ＢＤ

となるようにとった点です。すると、

　　ＡＤ＝ＣＤ

となることを示してください。

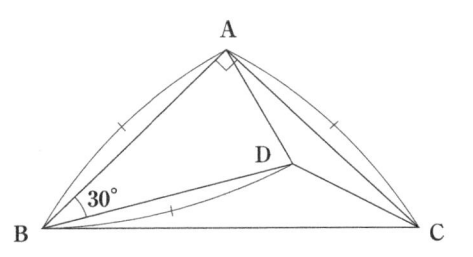

ヒント

△ＡＢＣの等辺と同じ長さの辺の正三角形を加えてみてください。

解 答

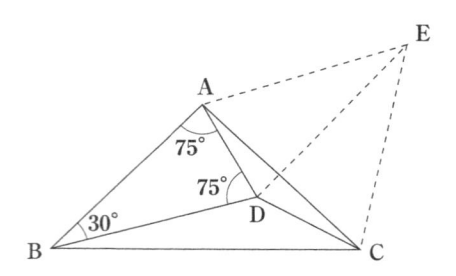

辺ACを1辺とする正三角形EACを△ABCの外側に作り、頂点Eと点Dを結びます。

まず△BADが二等辺三角形のため、

$$\angle BAD = \frac{180°-\angle ABD}{2} = \frac{180°-30°}{2} = 75°$$

となります。つぎに、△BADと△EADを考えると、辺ADは共通で、△ABCは直角二等辺三角形、△EACは正三角形のため、

$$BA = AC = EA$$

です。また、∠EADは

$$\angle EAD = \angle EAC + \angle BAC - \angle BAD$$
$$= 60° + 90° - 75° = 75°$$

となるため、三角形の2辺とその挟角が等しくなって、△BADと△EADは合同です。このため

$$\angle AED = \angle ABD = 30°$$

となり、△EACが正三角形であることに注意すると、

$$\angle CED = \angle AEC - \angle AED = 60° - 30° = 30°$$

となります。最後に、△EADと△ECDを考えると、辺EDは共通で、△EACが正三角形のため、

$$EA = EC$$

となります。このため、三角形の2辺とその挟角が等しくなって、2つの三角形は合同です。このため

$$AD = CD$$

となります。

問題 46

半径が異なる3つの円を図のように描き、2つずつの円に対してその共通の接線を引き、それから得られた3組の交点を求めます。すると、3つの交点は一直線上にのることを示してください。

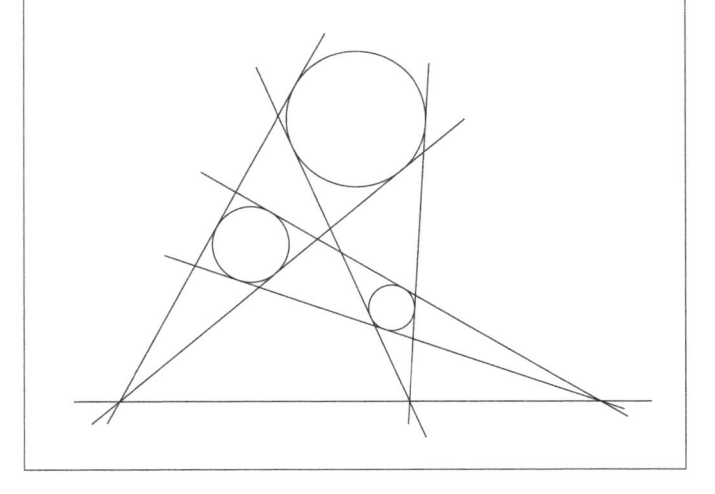

! ヒント

このままでは手がつけられませんが、いちばん小さい円を横にうまく移動すれば、解決の道が得られます。

解答

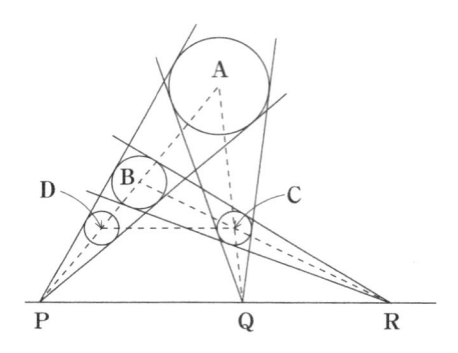

3つの円の中心を大きさの順にA、B、Cとして、円Aと円Bの共通の接線の交点をP、円Aと円Cの共通の接線の交点をQ、円Bと円Cの共通の接線の交点をRとします。いま、円Cを円Aと円Bの共通の接線のなかに収まるように横に移動し、この円の中心をDとすると、4点A、B、D、Pは一直線上に並びます。また、3点A、C、Qと3点B、C、Rもそれぞれ一直線上に並ぶため、図の配置が得られます。

ここで、△APQを考えると、辺APと線分DPの比は円Aと円Dの半径の比に等しく、また辺AQと線分CQの比も円Aと円Cの半径の比に等しいため、

$$AP : DP = AQ : CQ$$

となって、線分DCと線分PQは平行になります。同じことを△BPRについて考えると、まったく同じ理由で線分DCと線分PRも平行になります。すると、どちらの平行線も点Pを通るため、3点P、Q、Rは一直線上にのることになります。

問題 47

∠BACを直角とする直角三角形ABCの2辺AC、BCの上に、正方形ACDE、BFGCをそれぞれ図のように作ります。点Dと点Gを結び、その線分と線分ACの点Cの方向への延長線との交点をMとすると、

DM＝GM

となることを示してください。

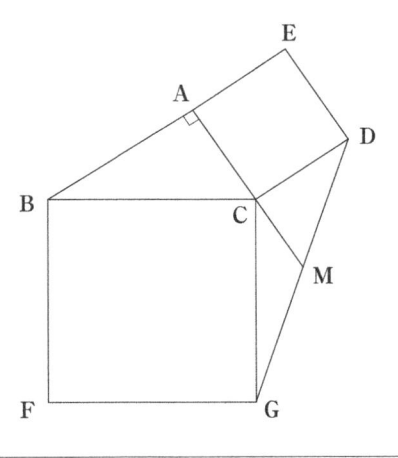

! ヒント

△ABCと合同の三角形ができるように補助線を引いてください。

解 答

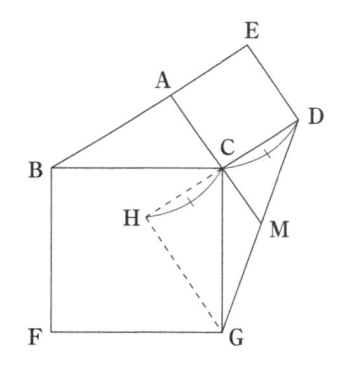

　　線分ＤＣを点Ｃの方向に同じ長さだけ延長した点をＨとして、△ＣＨＧと△ＣＡＢを考えます。すると、辺ＢＣと辺ＣＧは正方形の２辺なので等しく、辺ＨＣと正方形の２辺ＣＤ、ＡＣは定義から等しくなります。一方、∠ＨＣＧと∠ＡＣＢはどちらも直角から∠ＢＣＨを引いたものなので等しく、△ＣＨＧと△ＣＡＢは２辺とその挟角が等しくなり合同です。これから２辺ＨＧ、ＡＢは等しく、また∠ＧＨＣは直角です。

　そこで、△ＤＣＭと△ＤＨＧを考えると、∠ＧＨＣが直角と分かったため、

　　　∠ＤＣＭ＝∠ＤＨＧ

となり、また∠ＣＤＭは共通です。このため、２つの三角形は相似形になり、線分ＤＣと線分ＨＣが等しいことに注意すると、

　　　ＤＭ＝ＧＭ

となります。

問題 48

△ABCの外接円の3つの弧AB、BC、CAの中点をそれぞれE、F、Gとするとき、弦AFと弦EGは直角に交わることを示してください。

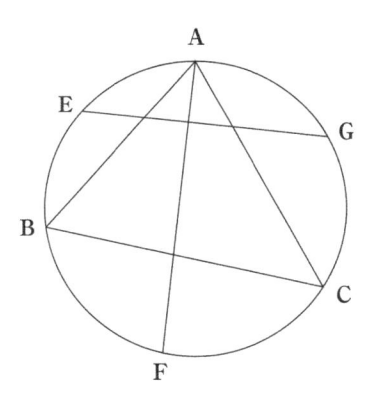

! ヒント

同じ長さの弧の上に立つ円周角は等しいことを活用してください。

解 答

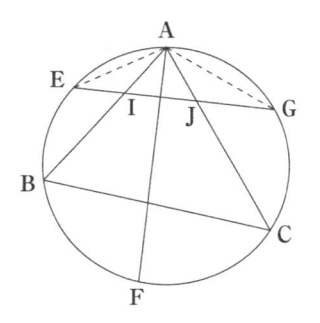

図のように、点Aと2点E、Gをそれぞれ結び、弦EGと△ABCの2辺AB、ACの交点をそれぞれI、Jとして、△AEIと△AGJを考えます。すると、弧AEと弧EBは同じ長さなので、その上に立つ2つの円周角∠AGEと∠EABは等しくなります。まったく同じ理由で、∠AEGと∠GACも等しくなります。

ここで、△AEIの頂点Iの外角は∠IEAと∠IAEの和なので、∠AJIも∠JGAと∠JAGの和になることを考えると、

$$\angle AIJ = \angle AJI$$

となって、△AIJは二等辺三角形です。ここで、点Fが弧BCの中点であることに注意すると、弧BFの上に立つ円周角と弧FCの上に立つ円周角は等しくなり、弦AFは∠IAJの二等分線になります。このため、点Iと点Jは弦AFに対して左右に対称な位置となり、弦EGと弦AFは直角に交わります。

問題 49

△ABCの2辺AB、ACの上に、平行四辺形DEBA、FACGを任意に作り、辺EDと辺GFの延長線上の交点をHとします。点Bを通って、線分HAと平行になるように直線を引き、

　　HA＝BI

となる点Iを求めて、平行四辺形BIJCを作ります。すると、2つの平行四辺形DEBA、FACGの面積の和は平行四辺形BIJCの面積に等しくなることを示してください。

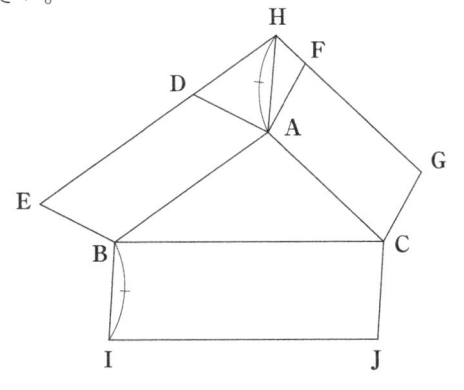

!ヒント

底辺と高さが等しい平行四辺形の面積は、互いに等しいことを利用してください。

解 答

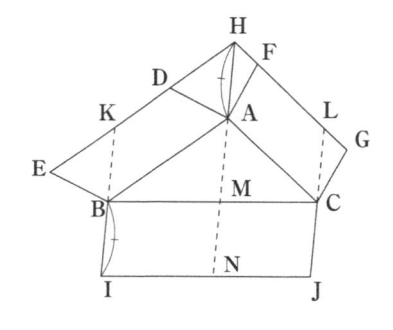

まず、平行四辺形ＤＥＢＡの面積を考えます。辺ＩＢを点Ｂの方向に延長して、辺ＤＥとの交点をＫとすると、線分ＨＡと線分ＢＩが平行なため、線分ＨＡと線分ＫＢも平行です。このため、四角形ＫＢＡＨは平行四辺形です。ここで、２つの平行四辺形ＤＥＢＡ、ＫＢＡＨを比べると、底辺ＡＢは共通で、高さも等しいために同じ面積です。

つぎに、線分ＨＡを点Ａの方向に延長して、２辺ＢＣ、ＩＪとの交点をそれぞれＭ、Ｎとします。すると、線分ＨＡと２本の線分ＢＩ、ＣＪが平行なため、２つの四角形ＢＩＮＭ、ＭＮＪＣはどちらも平行四辺形です。ここで、線分ＫＢと線分ＢＩが等しいことに注意しながら、２つの平行四辺形ＫＢＡＨ、ＢＩＮＭを比べると、それぞれの底辺を２辺ＫＢ、ＢＩとしたとき、高さが等しいために面積も等しくなります。こうして、平行四辺形ＤＥＢＡの面積は平行四辺形ＢＩＮＭの面積と等しくなります。

まったく同じ理由で平行四辺形ＦＡＣＧと平行四辺形ＭＮＪＣの面積も等しくなるので、平行四辺形ＤＥＢＡとＦＡＣＧの面積の和は平行四辺形ＢＩＪＣの面積と等しくなります。

問題 50

図のように、大きさの異なる2つの円が点Aで内接しているとき、大きな円の弦BCが小さな円を2点D、Eで横切れば、

$$\angle BAD = \angle CAE$$

となることを示してください。

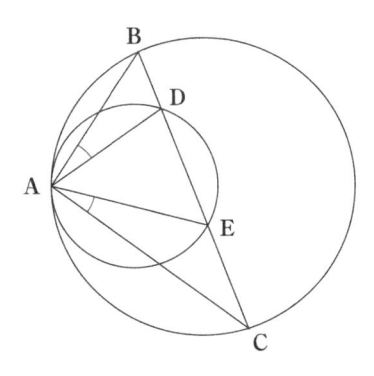

!ヒント

同じ長さの弧の上に立つ円周角は等しいことを活用してください。

解 答

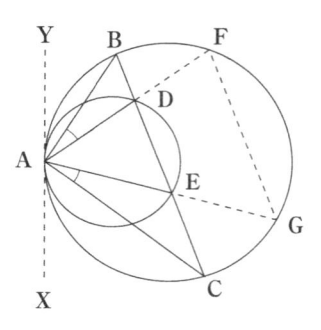

線分ADと線分AEをそれぞれ延長し、大きな円との交点を図のF、Gとして、2点F、Gを結びます。また、接点Aにおける共通接線XYも引いておきます。ここで、円の接線と円周角に対する関係を思い起こすと［問題 9］、大きな円に対しては

∠XAG＝∠AFG

が成り立ち、小さな円に対しては

∠XAE＝∠ADE

が成り立つことに気がつきます。このため、

∠AFG＝∠ADE

となって、大きな円の弦FGと小さな円の弦DEは平行になります。これは大きな円の弦で考えると、弦BCと弦FGが平行になることです。そこで、2本の弦に円の中心から共通

の垂線を下ろすと、それぞれの弦はこの垂線で2等分されて[問題 2]、2等分された図形は垂線の両側に対称な図形になります。こうして、弧BFと弧CGは同じ長さになることが分かります。すると、∠BAFは弧BFの上に立つ円周角で、∠CAGは弧CGの上に立つ円周角のため、同じ長さの弧の上に立つ円周角となって、2つの角は等しくなります。これは

　　　∠BAD＝∠CAE

が成り立つことを意味しています。

中級編

問題 51

　円に内接する四角形ＡＢＣＤが、別の小さな円に４点Ｅ、Ｆ、Ｇ、Ｈで図のように外接すれば、向かい合う２組の接点を結ぶ線分ＥＧ、ＦＨは直角に交わることを示してください。

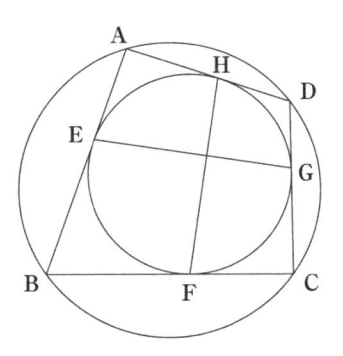

! ヒント

　ノーヒントです。

解 答

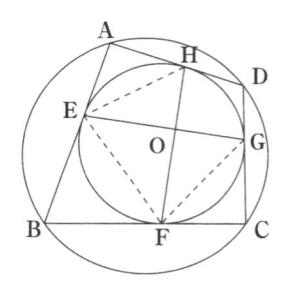

図のように、点Hと点E、点Eと点F、点Fと点Gを順次に結ぶと、四角形ABCDは小さな円に外接しているので、

$$\angle AHE = \angle AEH = \angle EFH \\ \angle CFG = \angle CGF = \angle FEG$$ ………（1）

が成り立ちます［問題 7］［問題 9］。また、四角形ABCDは大きな円に内接しているので、

$$\angle HAE + \angle FCG = 2\angle R$$ ………（2）

も成り立ちます［問題 10］。ここで、△AHEと△CFGの内角の和を求めると、

$$\angle HAE + \angle AHE + \angle AEH = 2\angle R \\ \angle FCG + \angle CFG + \angle CGF = 2\angle R$$

となるので、式(1)を代入すると

$$\angle HAE + 2\angle EFH = 2\angle R$$
$$\angle FCG + 2\angle FEG = 2\angle R$$

となります。この2式の和に式(2)を代入して変形すると、

$$2(\angle EFH + \angle FEG) = 2\angle R$$

となります。こうして、弦EGと辺FHの交点をOとすると、

$$\angle EFO + \angle FEO = \angle R$$

となり、△OEFは直角三角形となります。これから線分EGと線分FHは直角に交わります。

上級編

上級編

　上級編の問題は、初級編や中級編の問題では飽き足りない読者のために、少しは骨のある問題を用意しました。ヒントを参考にしても、そう簡単には解けない問題ばかりですが、腕に覚えのある読者は挑戦してみてください。とくに、最後の8問ほどは有名な問題だけを集めたので、よほどの洞察力がないと、解答は見つけにくいと思います。それだけ挑戦のしがいのある問題なので、自分の実力を知るには格好です。また、解答が見つけられない読者は、この本の解答を見て、先人の優れた補助線の使い方を鑑賞してみてください。きっと、得るところがあるはずです。
　さあ、上級の25問に挑戦してみましょう。

問題 52

△ＡＢＣは、∠Ａを直角とする直角三角形です。頂点Ａから斜辺ＢＣに向かって、垂線ＡＨと∠Ａの二等分線ＡＤと辺ＢＣの中線ＡＭを図のように引くと、

∠ＨＡＤ＝∠ＤＡＭ

となることを示してください。

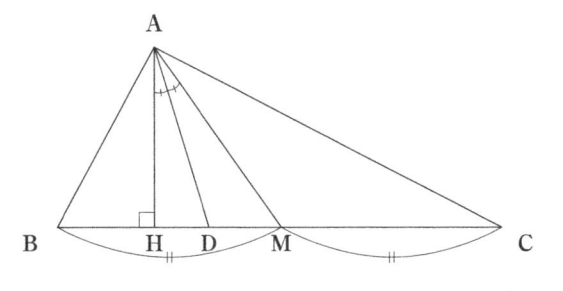

! ヒント

△ＡＢＣの外接円を描くと、斜辺ＢＣはその円の直径となり、中点Ｍは外接円の中心になります。

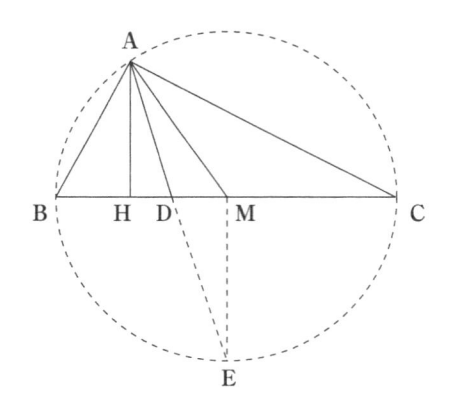

解 答

△ABCに外接する円を描き、この円と二等分線ADを点Dの方向へ延ばした延長線との交点をEとします。すると、∠BAEと∠EACはそれぞれ弧BE、弧ECの円周角となるため、線分AE（つまり線分AD）が∠BACの二等分線であることに注意すると、点Eは下側の半円の中点になります。一方、△ABCは直角三角形のため、斜辺の中点Mは外接円の中心です。このため、2点E、Mを結ぶ線分は、斜辺BCと直角になります。すると、垂線AHも斜辺BCと直角なため、線分AHと線分MEは平行になって、

∠HAD＝∠MED …………（1）

が成り立ちます。

つぎに、△MAEを考えると、2辺MA、MEはどちらも外接円の半径のため、

MA＝ME

が成り立って、△MAEは二等辺三角形です。これから、その底角も等しくなり、

　　　∠DAM＝∠MED　………（2）

となります。こうして、式(1)を式(2)に代入すると、

　　　∠HAD＝∠DAM

が得られます。

上級編

問題 53

円外の点Pから2本の直線PA、PBを図のように引き、∠CPDが直角になるように調整します。すると、円の中心をOとしたとき、△OABと△OCDの面積は等しくなることを示してください。

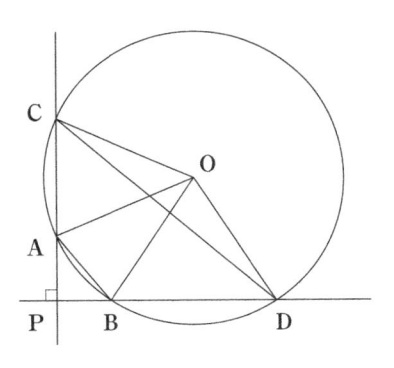

! ヒント

補助線で作った円周角を仲介にして、∠AOBと∠CODの関係を調べてください。

解 答

(a)

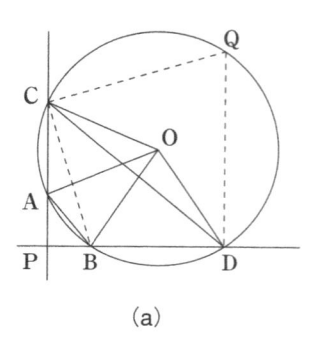

図(a)のように、点Cと点Bを結んで∠CBDを作ると、∠BPCが直角のため、

$$\angle CBD = \angle BCP + \angle BPC$$
$$= \angle BCP + \angle R \quad \cdots\cdots (1)$$

となります。

一方、∠CODは弧CDの上に立つ中心角なので、その半分の円周角を図(a)の∠CQDのように任意に作ると、

$$\angle CQD = \frac{\angle COD}{2} \quad \cdots\cdots (2)$$

が成り立ちます[問題 4]。すると、四角形CBDQは円に内接するので、

$$\angle CQD + \angle CBD = 2\angle R$$

となり［問題 10］、これに式(2)を代入すると、

$$\frac{\angle COD}{2} + \angle CBD = 2\angle R$$

が成り立ちます。これに式(1)を代入してから変形すると、

$$\frac{\angle COD}{2} + \angle BCP = \angle R$$

となります。ここで、∠BCAと∠BOAが同じ弧の上に立つ円周角と中心角の関係にあることに注意すると、

$$\angle BCP = \angle BCA = \frac{\angle BOA}{2}$$

が成り立つため、

$$\frac{\angle COD}{2} + \frac{\angle BOA}{2} = \angle R$$

となります。この両辺を2倍すると、

$$\angle COD + \angle BOA = 2\angle R$$

となるので、△OCDの辺ODと△OABの辺OAを次ページの図(b)のように接合すると、3点C、O、Bは一直線上に並び、直角三角形を作ることができます。このため、△OCDの底辺をCO、△OABの底辺をOBとすると、この2つの三角形の底辺と高さは等しくなって、その面積も等しく

(b)

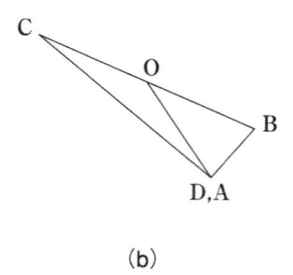

なります。

上級編

問題 54

　直角三角形の3辺の上に正方形を図のように作ると、ピタゴラスの定理によって、直角を挟む2辺の上に立つ2つの正方形の面積の和は、斜辺の上に立つ正方形の面積に等しくなります。では、直角を挟む2辺の上に立つ2つの正方形を切り分けて、斜辺の上に立つ正方形に作り替えるには、どのように切り分ければよいでしょうか。

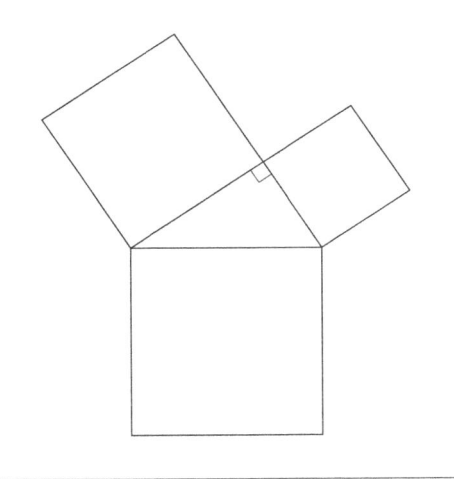

!ヒント

　いろいろの切り分け方がありますが、斜辺の上に立つ正方形を上側にそっくり裏返すのがもっとも簡明のようです。

解答

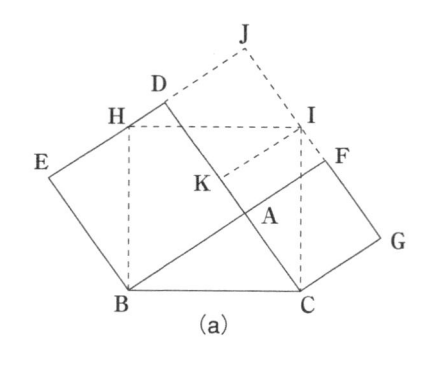

斜辺の上に立つ正方形を上側にそっくり裏返すと、図（a）の配置になります。このとき、△ＡＢＣと△ＥＢＨと△ＧＩＣは合同になるため、斜辺の上に立つ正方形ＨＢＣＩの頂点Ｈは辺ＥＤ上にのり、頂点Ｉは辺ＧＦの延長線上にのります。

いま、辺ＥＤと辺ＧＦの延長線上の交点をＪとして、正方形ＡＣＧＦの頂点Ｆを点Ｊに合わせるように平行移動すると、△ＡＢＣと△ＪＨＩは合同なため、頂点Ｇは頂点Ｉに一致して、正方形ＤＫＩＪが得られます。これを利用すると、図（b）の裁ち合わせができます。

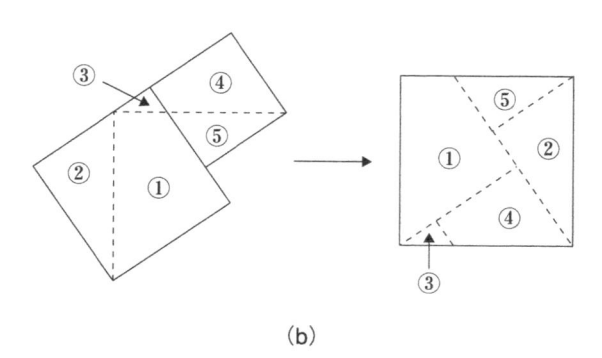

(b)

問題 55

平行四辺形ＡＢＣＤの４辺の上に正方形を１つずつ作ると、その面積の和は２本の対角線ＡＣ、ＢＤの上に作った２つの正方形の面積の和になることを示してください。

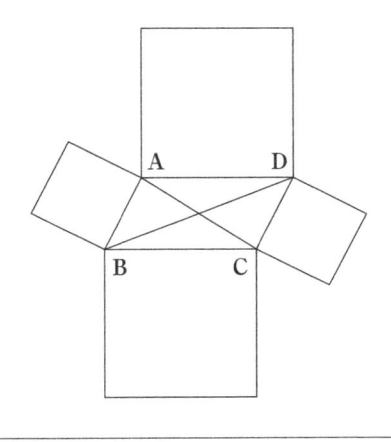

！ヒント

△ＡＢＤにピタゴラスの定理を適用することを考えてください。

解 答

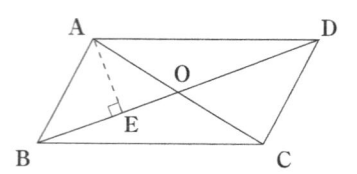

頂点Aから対角線BDに垂線AEを図のように下ろし、2つの直角三角形△ABE、△ADEにピタゴラスの定理を適用すると、

$$AB^2 = BE^2 + AE^2$$
$$AD^2 = DE^2 + AE^2$$

となるので、辺々加え合わせると

$$AB^2 + AD^2 = BE^2 + DE^2 + 2AE^2 \quad \cdots\cdots (1)$$

となります。

つぎに、平行四辺形の2本の対角線は互いに他を2等分することを思い起こすと、線分BEと線分DEは

$$BE = BO - EO$$
$$DE = BO + EO$$

とおくことができるので、その2乗は

$$BE^2 = (BO - EO)^2$$
$$= BO^2 + EO^2 - 2\,BO \cdot EO$$
$$DE^2 = (BO + EO)^2$$
$$= BO^2 + EO^2 + 2\,BO \cdot EO$$

となります。こうして、式(1)の右辺のなかの最初の2項の和は

$$BE^2 + DE^2 = 2(BO^2 + EO^2) \quad \cdots\cdots (2)$$

と書き替えられます。

式(2)を式(1)に代入すると、

$$AB^2 + AD^2 = 2(BO^2 + EO^2 + AE^2) \quad \cdots\cdots (3)$$

となります。ここで、△AEOが直角三角形であることに注意すると、式(3)の括弧の中の最後の2項の和は

$$EO^2 + AE^2 = AO^2$$

となります。こうして、式(3)は

$$AB^2 + AD^2 = 2(BO^2 + AO^2)$$

と変形されます。すると、辺ABと辺CD、辺BCと辺DAはそれぞれ等しいので、

$$AB^2 + BC^2 + CD^2 + DA^2 = 4(AO^2 + BO^2)$$

となります。ここで、

$$4AO^2=(2AO)^2=(AO+CO)^2=AC^2$$
$$4BO^2=(2BO)^2=(BO+DO)^2=BD^2$$

に注意すると、最終的に

$$AB^2+BC^2+CD^2+DA^2=AC^2+BD^2$$

が成り立ちます。なお、この関係はピタゴラスの定理を類推させるもので、たいへん興味深い関係です。

問題 56

△ABCは鋭角三角形です。この内部に点Pをとって、点Pと3つの頂点A、B、Cを図のように結びます。このとき、点Pから3つの頂点にいたる距離の和を最小にするには、点Pをどこにとればよいでしょうか。

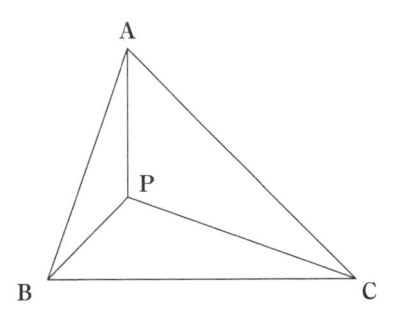

!ヒント

PA＋PB＋PCと同じ長さの折れ線を作るように補助線を工夫してみてください。

解 答

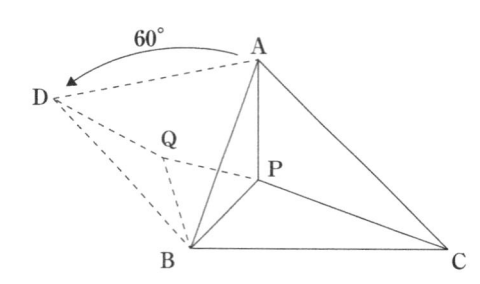

頂点Bを中心にして、△APBを60°だけ回転させ、頂点Aを頂点Dに移し、点Pを点Qに移した状態を考えます。すると、△ABPと△DBQは合同で、△BPQは正三角形のため、線分PAと線分QD、線分PBと線分QPはそれぞれ等しくなります。このため、

$$PA + PB + PC = QD + QP + PC$$

となり、この和を最小にするには、点Dから点Cにいたる折れ線を点Dと点Cを結ぶ線分にすればよいことになります。すると、△BPQが正三角形であることから、∠DQBと∠BPCは120°となります。

こうして、もとの△ABCに戻ると、点Pは3つの角がすべて120°に開いた三叉路の点となることが分かります。なお、この点は3点A、B、Cの「シュタイナー点」と呼ばれています。

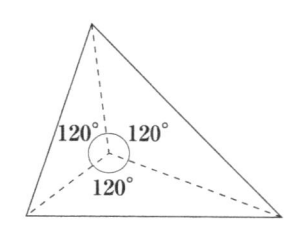

上級編

問題 57

　四角形ＡＢＣＤにおいて、４辺の中点をそれぞれＥ、Ｆ、Ｇ、Ｈとし、２本の対角線の中点をＬ、Ｍとします。すると、図のように中点Ｅと中点Ｇ、中点Ｆと中点Ｈ、中点Ｌと中点Ｍをそれぞれ結んだ３本の線分は同じ点を通ることを示してください。

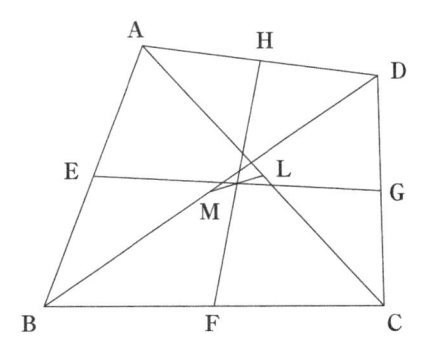

！ヒント

　平行四辺形の２本の対角線は互いに他を２等分することを利用してください。

解 答

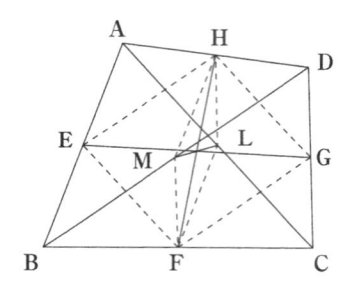

4点E、F、G、Hを順次に結んで、四角形EFGHを図のように作ります。すると、線分EHと線分FGは対角線BDに平行になり、また線分EFと線分HGは対角線ACに平行になって、この四角形は平行四辺形になります［問題 14］。このため、2本の対角線EG、HFは互いに他を2等分します。

つぎに、4点H、M、F、Lを順次に結んで、四角形HMFLを作ります。そして、たとえば△DABと△DHMに着目すると、

DA＝2DH
DB＝2DM

が成り立つので、この2つの三角形は相似形になり、線分HMは辺ABに平行になります。同じようにして、線分LFは辺ABに平行になり、線分MFと線分HLはどちらも辺CDに平行になるので、四角形HMFLは平行四辺形です。このため、2本の対角線HF、LMは互いに他を2等分します。こうして、3本の線分EG、HF、LMはすべて線分HFの中点を通ることになります。

問題 58

△ABCの3本の中線AD、BE、CFを3辺とする三角形の面積は、もとの三角形の面積の何分のいくつになりますか。

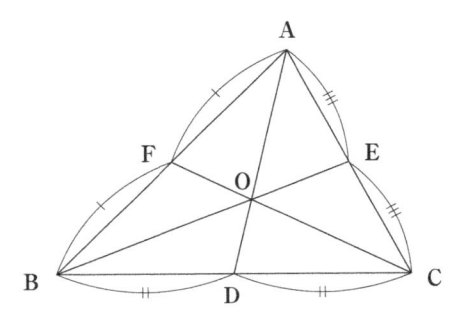

!ヒント

線分FDを点Dの方向に同じ長さだけ延長した点と、4点B、C、E、Oを結んでみてください。

解答

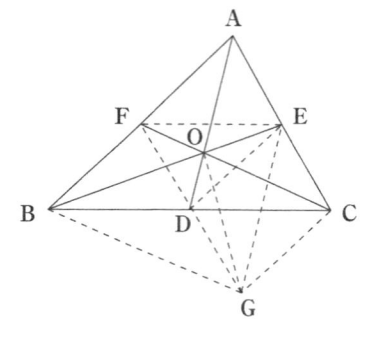

線分FDを点Dの方向に同じ長さだけ延長した点をGとして、この点と4点B、O、E、Cを結び、また点Eと2点D、Fも結びます。まず、四角形FBGCを考えると、2本の対角線は互いに他を2等分するので平行四辺形となり、辺BGと中線FCは同じ長さです。つぎに、3点D、E、Fは3辺の中点のため四角形FDCEは平行四辺形となり、四角形ADGEも平行四辺形です。このため、線分EGは中線ADと同じ長さです。こうして、△BGEの3辺は△ABCの3本の中線と等しくなったので、△BGEと△ABCの面積を比べてみます。

まず、△ABCは△AFE、△FBD、△EDC、△DEFの4つの合同な三角形からなるので、その面積は△FBDの面積の4倍です。つぎに、△BGEは△DBG、△DGE、△DEBの3つの三角形からなるので、それぞれの面積を求めてみます。すると、△DEBは平行四辺形FBDEの半分なので、その面積は△FBDの面積と同じです。同じようにして、他の2つの三角形の面積も△FBDの面積と同じになるので、△BGEの面積は△FBDの面積の3倍です。こうして、△BGEの面積は△ABCの面積の$\frac{3}{4}$になります。

上級編

問題 59

　中心がOの円において、任意の弦ABを3等分した点をC、Dとし、弧ABを3等分した円周上の点をE、Fとします。点Cと点E、点Dと点Fをそれぞれ結び、その延長線上の交点をPとすれば、線分PAは半径OEに平行になることを示してください。

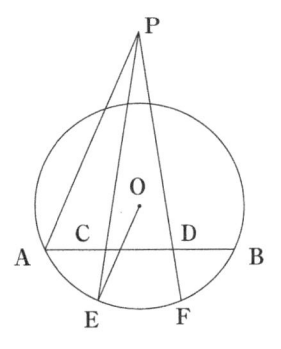

! ヒント

　線分FEの延長線と線分PAの延長線との交点を利用することを考えてください。

解 答

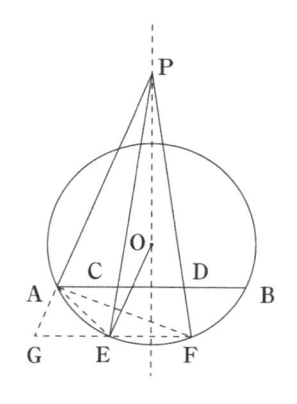

　点Pと中心O、点Eと点Fをそれぞれ結ぶと、点Cと点D、点Eと点Fはどちらも直線POに対して対称な位置にあるので、直線CDと直線EFは平行になります。

　いま、線分FEの延長線と線分PAの延長線との交点をGとして、△PADと△PGFを考えると、∠APDは共通で、辺ADと辺GFは平行なため、2つの三角形は相似形です。ここで、線分ACと線分CDが等しいことに注意すると、線分GEと線分EFも等しくなります。また、弧AEと弧EFは等しいので、弦AEと弦EFも等しくなります。こうして、

　　GE＝EF＝AE

が成り立つので、△FAGは∠FAGを直角とする直角三角形になります［問題 8］。

　つぎに、弧AEと弧EFが等しいことに注意すると、点Aと点Fは半径OEに対して対称な位置にあるので、半径OEは弦AFに直角に交わります。こうして、線分PAと半径OEはどちらも線分AFと直角に交わるので、線分PAと半径OEは平行になります。

問題 60

　定規とコンパスを用いると、線分ＡＢの中点を求めることは簡単です。２点Ａ、Ｂを中心として同じ半径の円を図のように描き、２つの交点を結ぶ線分と線分ＡＢの交点を求めればよいからです。では、コンパスだけで２点Ａ、Ｂの中点を求めるには、どのような作図をすればよいでしょうか。

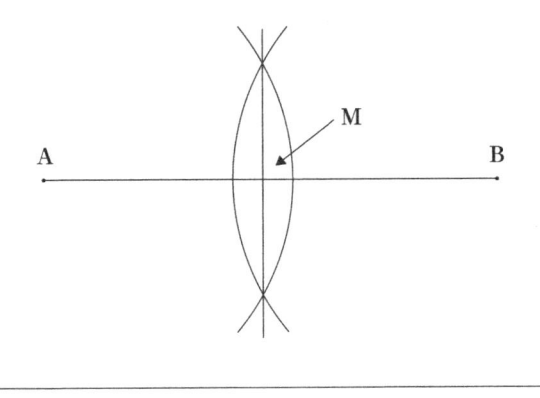

！ヒント

　左右の辺が底辺の長さの２倍になるような二等辺三角形を作ることを考えてください。

解 答

(a)

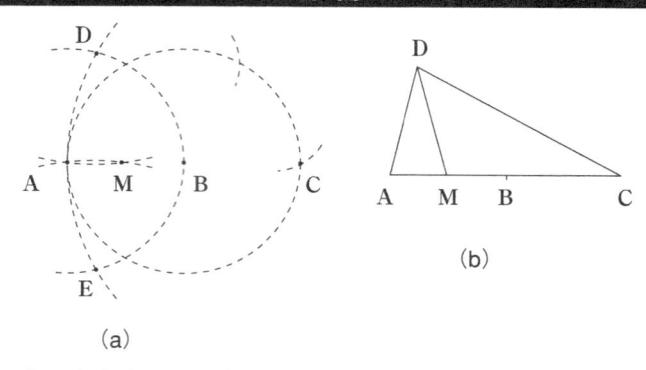

(b)

　点Bを中心として半径がABの円を描き、つぎに点Aを出発点として、同じ半径で円周を3回切って、点Aと直径上に向かい合う点Cを求めます。つぎに、点Cを中心として半径がACの円を描き、点Aを中心とする半径ABの円との交点をD、Eとします。2点D、Eを中心として、半径がDA（＝EA）の2つの円を描けば、その交点Mは線分ABの中点です。

　この理由はつぎのようです。図（b）のように、各点の間に線分を引いたと想定すると、△CDAと△DAMはどちらも二等辺三角形で、しかも底角∠DACは共通のため、2つの三角形は相似形です。ところが、上の作図から辺ACは辺DAの2倍となるようにとったため、辺DAは線分AMの2倍となります。ここで、辺DAと線分ABは等しくとってあることに注意すると、点Mは線分ABの中点になります。なお、点Mが線分AB上にあることは、この作図が直線ABに対して上下に対称になっていることから明らかです。

上級編

問題 61

　三角形ＡＢＣの２辺ＡＢ、ＡＣ上に、それぞれ正方形を図のように作り、その中心（対角線の交点）をＰ、Ｑとします。辺ＢＣの中点をＭとして、点Ｍと２点Ｐ、Ｑを結ぶと、線分ＰＭ、ＱＭの長さは等しく、しかも直角に交わることを示してください。

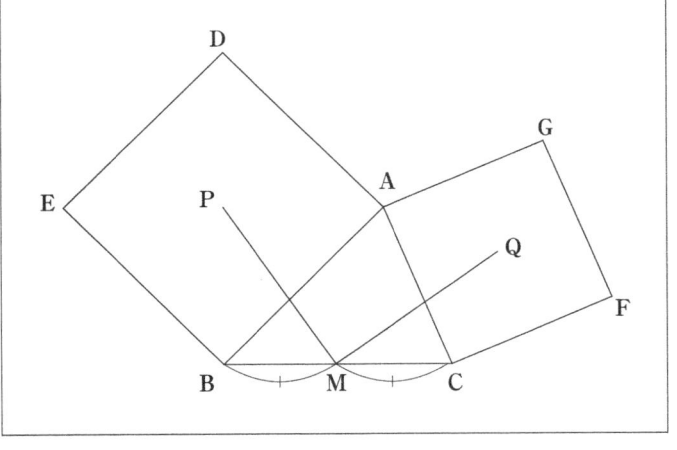

！ヒント

　補助線を使って、線分ＰＭと線分ＱＭに平行な辺をもつ三角形を作ってください。

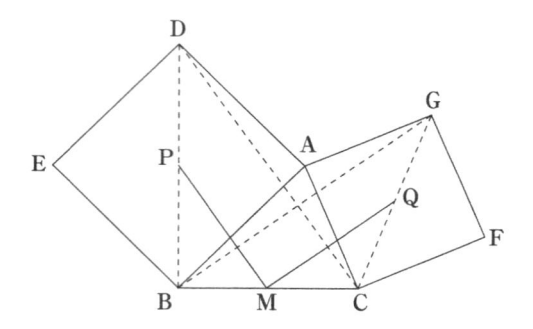

解 答

点Cと点D、点Bと点Gをそれぞれ結び、△ADCと△ABGを考えます。すると、辺ADと辺AB、辺ACと辺AGはそれぞれ同じ正方形の2辺なので等しくなり、またその間の角はどちらも∠BACに直角を加えたものなので等しくなります。こうして、△ADCと△ABGは合同になり、

DC＝BG、∠ADC＝∠ABG

が成り立ちます。すると、辺DAと辺BAは直角に交わるので、それぞれを∠ADC、∠ABGだけ回した辺DCと辺BGも直角に交わります。ここで、△BCDを考えると、点Pと点Mはそれぞれ2辺BD、BCの中点なので、線分PMと線分DCは平行で、その長さはDCの半分です。同じようにして、線分QMは線分BGの半分になるので、

PM＝QM

となります。

上級編

問題 62

円周上の任意の点Pから、円に内接する△ABCの3辺AB、BC、CA（またはその延長線上）にそれぞれ垂線PL、PM、PNを図のように下ろします。すると、3つの垂線の足L、M、Nは一直線上にのることを示してください。

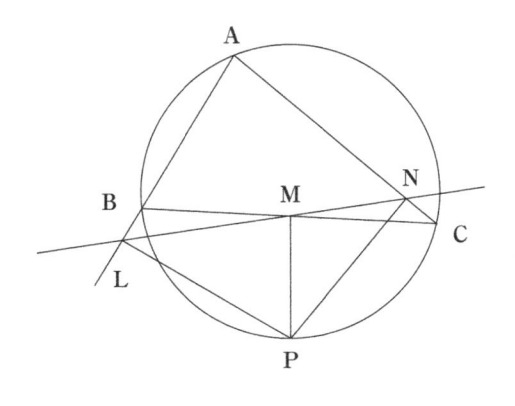

！ヒント

同じ弧の上に立つ円周角は等しいことを利用してください。

解 答

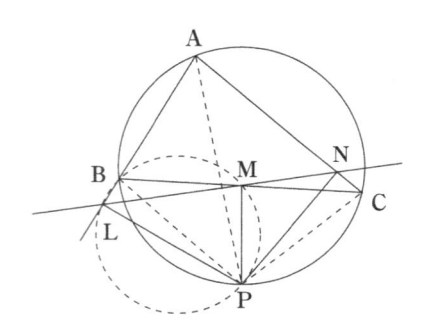

　図のように、点Pと3点A、B、Cを結び、四角形BLPMを考えます。すると、∠BLPと∠BMPが直角なため、この四角形は対角線BPを直径とする円に内接します［問題8］。このため、弧BLの上に立つ円周角を考えれば、

$$\angle BML = \angle BPL \quad \cdots\cdots (1)$$

が成り立ちます［問題 4］。これと同じように、四角形CNMPを考えると、∠CMPと∠CNPが直角なため、この四角形も1つの円に内接して、

$$\angle CMN = \angle CPN \quad \cdots\cdots (2)$$

が成り立ちます。

　つぎに、四角形ABPCを考えると、この四角形は円に内接するように描いたので、

$$\angle PBL = \angle PCA$$

が成り立ちます［問題 10］。ここで、△ＰＬＢと△ＰＮＣを考えると、どちらも直角三角形のため、

　　　∠ＢＰＬ＝∠ＣＰＮ

となります。これに式（1）、（2）を代入すれば、

　　　∠ＢＭＬ＝∠ＣＭＮ

が成り立ちます。すると、3点Ｂ、Ｍ、Ｃは一直線上にのっているため、3点Ｌ、Ｍ、Ｎも一直線上にのります。なお、3点Ｌ、Ｍ、Ｎを結ぶ直線を「シムソン線」と呼んでいます。

上級編

問題 63

　凸四角形ABCDの4辺AB、BC、CD、DAの上に、4つの正方形を図のように作ります。それぞれの正方形の中心(対角線の交点)をE、F、G、Hとして、点Eと点G、点Fと点Hを結ぶと、2本の線分EG、FHの長さは等しく、しかも直角に交わることを示してください。

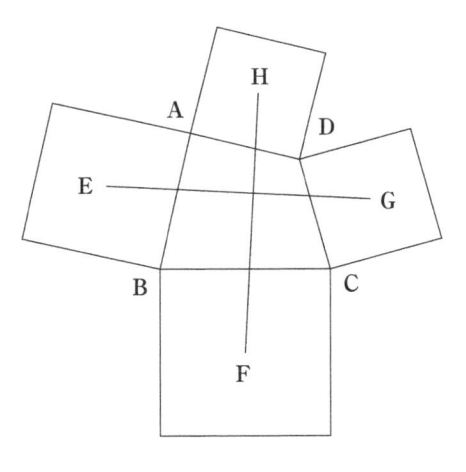

！ヒント

［問題 61］が利用できるように、補助線を工夫してください。

解 答

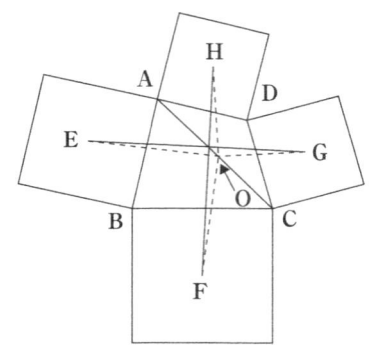

　　　　　　　　　　　　　　　　四角形ＡＢＣＤの対角線ＡＣの中点をＯとして、点Ｏと正方形の中心Ｅ、Ｆ、Ｇ、Ｈを図のように結びます。すると、△ＢＡＣの２辺ＢＡ、ＢＣの上にそれぞれ正方形を作っているので、線分ＥＯと線分ＦＯの長さは等しく、しかも直角に交わります［問題61］。同じように△ＤＡＣを考えれば、線分ＧＯと線分ＨＯの長さは等しく、しかも直角に交わります。ここで、∠ＥＯＧと∠ＦＯＨを考えると、

$$\angle EOG = \angle EOH + \angle HOG = \angle EOH + \angle R$$
$$\angle FOH = \angle EOH + \angle EOF = \angle EOH + \angle R$$

が成り立つため、∠ＥＯＧと∠ＦＯＨは等しくなります。こうして、△ＥＯＧと△ＦＯＨは２辺とその挟角が等しくなって合同です。これから、対応する２辺ＥＧ、ＦＨは等しくなります。また、線分ＧＯとＨＯが直角に交わるため、それぞれを時計方向に∠ＯＧＥ（＝∠ＯＨＦ）だけ回転した線分ＥＧと線分ＦＨも直角に交わります。

問題 64

△ABCの3辺AB、BC、CAの外側に、それぞれ正三角形を図のように描くと、これらの正三角形の中心を頂点とする三角形も正三角形になることを示してください。

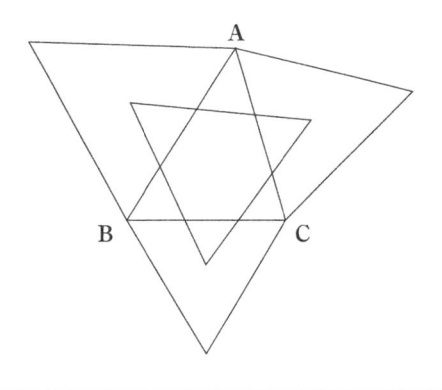

!ヒント

3つの正三角形の外接円は、1つの点で交わることを利用してください。

解答

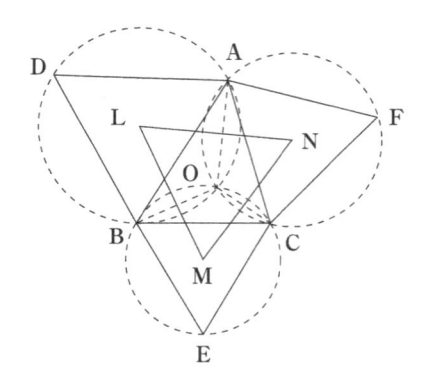

　図のように、3辺AB、BC、CAの上に立つ正三角形の頂点をそれぞれD、E、F、その中心をL、M、Nとします。いま、2つの正三角形DAB、FACの外接円の交点をOとすると、∠ADBと∠AFCはそれぞれ60°のため、∠AOBと∠AOCはそれぞれ120°です。すると、

$$\angle BOC = 360° - (\angle AOB + \angle AOC)$$
$$= 360° - (120° + 120°) = 120°$$

となって、∠BECと∠BOCの和は2直角です。これから4点B、E、C、Oは同じ円周上にのります［問題 10］。

　つぎに、円Lと円Mの共通の弦BOを考えると、これは中心を結ぶ線分LMの垂直二等分線なので直角に交わります。すると、弦COも線分NMと直角に交わるので、

$$\angle \mathrm{LMN} + \angle \mathrm{BOC} = 2\angle \mathrm{R}$$

となります。ところが、

$$\angle \mathrm{BEC} + \angle \mathrm{BOC} = 2\angle \mathrm{R}$$

も成り立つので、

$$\angle \mathrm{LMN} = \angle \mathrm{BEC} = 60°$$

となります。

同じようにして、

$$\angle \mathrm{NLM} = \angle \mathrm{LNM} = 60°$$

も成り立ち、△LMNの3つの頂角は等しくなるので、正三角形であることが分かります。

上級編

問題 65

中心がOの円の外部に点Pをとり、直線POと直角に交わる弦を図のABとします。直線PAがこの円と交わるもう1つの交点をCとして、直線POと弦BCの交点をDとすると、

$$PO \cdot DO = BO^2$$

が成り立つことを示してください。

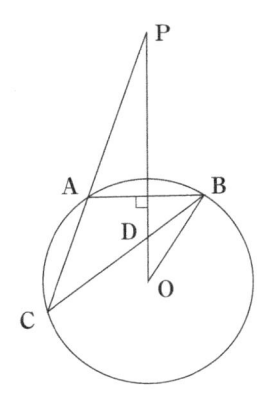

! ヒント

直線POに対して点Cと対称な位置にある点と、直線POが中心を突き抜けて円と交わる点を求めておくと便利です。

解 答

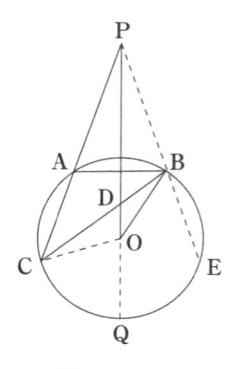

　図において、点Eは直線POに対して点Cと対称な位置にある点で、点Qは直線POが中心を突き抜けて円と交わる点です。いま、点Oと点Cを結ぶと、直線POは弦ABの垂直二等分線になっているので、弧CQは弧CEの半分です。このため、弧CQの上に立つ中心角と弧CEの上に立つ円周角は等しくなり［問題 4］、

　　　∠COQ＝∠CBE

が成り立ちます。すると、

　　　∠COQ＋∠COP＝2∠R
　　　∠CBE＋∠CBP＝2∠R

となるため、

　　　∠COP＝∠CBP

が成り立ちます。すると、この2角は弦CPの上に立つ円周角と考えられるので、4点P、C、O、Bは1つの円周上にのります。これから、

$$\angle CBO = \angle CPO = \angle EPO$$

となり、△PBOと△BDOを考えると、∠POBが共通なために相似形です。これから対応する2辺の比は等しくなって

$$\frac{BO}{PO} = \frac{DO}{BO}$$

となり、変形すれば

$$PO \cdot DO = BO^2$$

が得られます。

上級編

問題 66

　△ABCは∠BACを直角とする直角二等辺三角形です。いま、頂点Aを通って対辺BCに平行線を引き、その平行線上に

　　BC＝BD

となるように点Dをとります。線分BDと辺ACの交点をEとすると、

　　CD＝CE

となることを示してください。

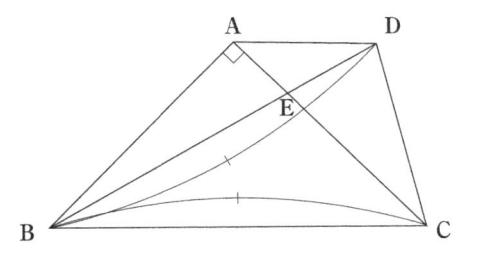

! ヒント

正三角形を半分に切った三角形が現れます。

解答

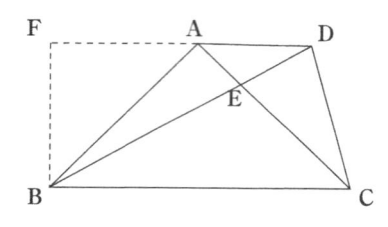

点Bから立てた垂線と線分DAの延長線との交点をFとすると、△ABCは直角二等辺三角形のため、底辺BCは線分BFの2倍です。また、点Dは線分BDと辺BCを等しくなるようにとったため、辺BDも線分BFの2倍になります。

ここで、△DFBを考えると、∠DFBは直角で、辺FBは辺BDの半分です。これは正三角形を頂点Dから対辺に向かって半分に切り分けたものが△DFBであることを示すので、∠FBDは60°、∠FDBは30°となります。すると、

$$\angle CBD = \angle FBC - \angle FBD = 90° - 60° = 30°$$

となり、△BCDが二等辺三角形であることから、

$$\angle BDC = \frac{180° - \angle CBD}{2} = \frac{180° - 30°}{2} = 75°$$

となります。一方、

$$\angle DEC = \angle EBC + \angle ECB = 30° + 45° = 75°$$

も成り立つので、△CDEは二等辺三角形となり、線分CDと線分CEは等しくなります。

上級編

問題 67

∠Aを直角とする直角三角形ABCにおいて、2辺AB、ACの上に正方形EBAD、ACGFを図のように作ります。点Bと点G、点Cと点Eをそれぞれ結んで、辺ABと線分CEの交点をH、辺ACと線分BGの交点をIとすれば、

　　　AH＝AI

となることを示してください。

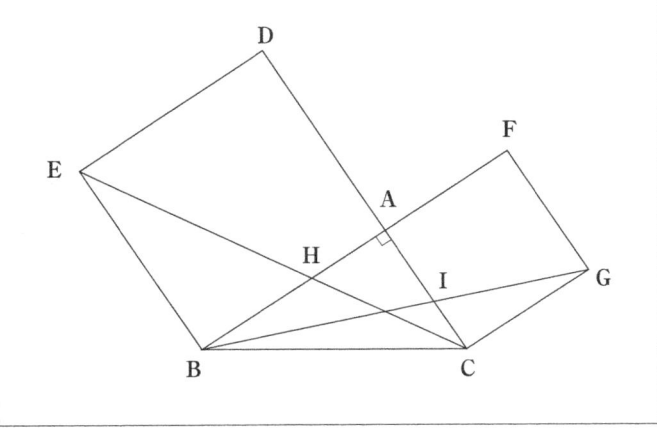

! ヒント

線分FBを点Bの方向に線分AFの長さだけ延長した点をJとして、4点B、J、C、Gを頂点とする平行四辺形を作ってみてください。

173

解 答

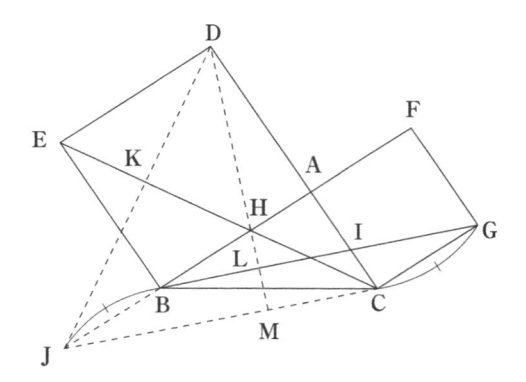

線分FBを点Bの方向へ線分GC(=AF)の長さだけ延長した点をJとすると、四角形BJCGは明らかに平行四辺形です。つぎに、2点D、Jを結び、△ADJと△DECを考えると、∠DAJと∠EDCはどちらも直角で、辺ADと辺DEは等しく、また

AJ=AB+BJ=DA+AC=DC

となるため、2つの三角形は合同です。すると、辺JAと辺CDは直角に交わるため、それを反時計方向にそれぞれ∠AJD、∠DCEだけ回転した辺JDと辺CEも直角に交わります。いま、線分CEと線分JDの交点をK、線分DHの点Hの方向への延長線と線分BG、JCとの交点をそれぞれL、Mとすると、2本の線分JA、CKは△DJCの垂線となり、その交点(垂心)Hを通る線分DMも垂線となります。

このため、線分DLと線分BGは直角に交わり、∠LBHと∠ADHは等しくなります。ここで、2つの直角三角形ADH、ABIを考えると、辺ADと辺ABは等しいため、2角とその挟辺が等しくなって合同です。こうして、

　　　　ＡＨ＝ＡＩ

となります。

問題 68

3点A、B、Cが一直線上に並び、また3点D、E、Fが別の一直線上に並ぶとき、線分AEと線分BDの交点をL、線分AFと線分CDの交点をM、線分BFと線分CEの交点をNとすれば、3点L、M、Nは図のように一直線上に並ぶことを示してください。

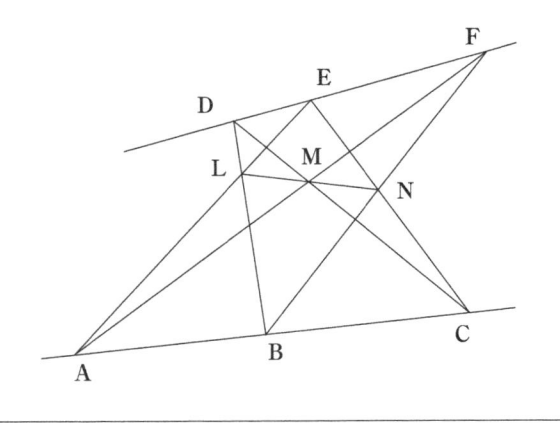

! ヒント

3本の直線AF、BD、CEで三角形を作り、その三角形の辺上の3点をうまく抜き出して、メネラウスの定理[問題36]が適用できるように考えてください。

解 答

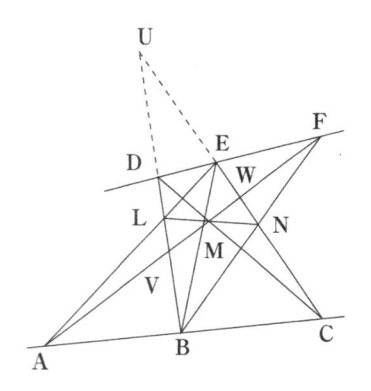

線分ＡＦと２本の線分ＢＤ、ＣＥの交点をそれぞれＶ、Ｗ、直線ＢＤと直線ＣＥの延長線上の交点をＵとすると、△ＵＶＷの３辺ＶＷ、ＷＵ、ＵＶ（またはその延長線）上にある３点Ｍ、Ｃ、Ｄが一直線上に並んでいることから、メネラウスの定理が適用できて［問題 36］、

$$\frac{\mathrm{VM}}{\mathrm{WM}} \cdot \frac{\mathrm{WC}}{\mathrm{UC}} \cdot \frac{\mathrm{UD}}{\mathrm{VD}} = 1 \quad \cdots\cdots\cdots (1)$$

となります。同じようにして、４組の３点（Ｆ、Ｎ、Ｂ）、（Ａ、Ｅ、Ｌ）、（Ｆ、Ｅ、Ｄ）、（Ａ、Ｃ、Ｂ）を選び出すと、どの組の３点も一直線上に並び、しかも１番目の点はすべて△ＵＶＷの辺ＶＷの延長線上にあり、２番目の点はすべて同じ三角形の辺ＷＵ上かその延長線上にあり、３番目の点はすべて同じ三角形の辺ＵＶ上かその延長線上にあります。この

178

ため、4組の3点にメネラウスの定理を適用することができて、

$$\frac{VF}{WF} \cdot \frac{WN}{UN} \cdot \frac{UB}{VB} = 1$$

$$\frac{VA}{WA} \cdot \frac{WE}{UE} \cdot \frac{UL}{VL} = 1$$

$$\frac{WF}{VF} \cdot \frac{UE}{WE} \cdot \frac{VD}{UD} = 1$$

$$\frac{WA}{VA} \cdot \frac{UC}{WC} \cdot \frac{VB}{UB} = 1$$

となります。これらの式の左辺と右辺をそれぞれかけ合わせると、

$$\frac{VF}{WF} \cdot \frac{WN}{UN} \cdot \frac{UB}{VB} \times \frac{VA}{WA} \cdot \frac{WE}{UE} \cdot \frac{UL}{VL}$$
$$\times \frac{WF}{VF} \cdot \frac{UE}{WE} \cdot \frac{VD}{UD} \times \frac{WA}{VA} \cdot \frac{UC}{WC} \cdot \frac{VB}{UB} = 1$$

となるので、分子と分母から共通の項を約分すると、

$$\frac{UL}{VL} \times \frac{VD}{UD} \cdot \frac{UC}{WC} \times \frac{WN}{UN} = 1$$

となります。

ここで、(1)式を変形すると

$$\frac{VD}{UD} \cdot \frac{UC}{WC} = \frac{VM}{WM}$$

となり、これを代入すると

$$\frac{UL}{VL} \cdot \frac{VM}{WM} \cdot \frac{WN}{UN} = 1$$

となります。

この式は、3点L、M、Nにメネラウスの定理を適用した形になっているので、△UVWの3辺UV、VW、WU(またはその延長線)上にある3点L、M、Nが一直線上に並んでいることを示しています。なお、この関係は「パップスの定理」と呼ばれるもので、射影幾何学という幾何学の分野で、もっとも基本的な定理の1つとなっています。

問題 69

△ABCの3辺BC、CA、AB上にそれぞれ点D、点E、点Fをとり、これらを3頂点とする△DEFを作ります。このとき、この三角形の周囲の長さを最小にするには、3点D、E、Fをそれぞれの辺上のどこにとればよいでしょうか。

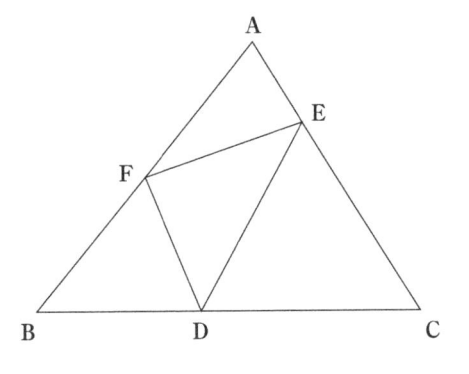

! ヒント

これはかなりの難問です。2辺AB、ACを鏡と見立て、点Dの鏡映点を考えてみてください。

解 答

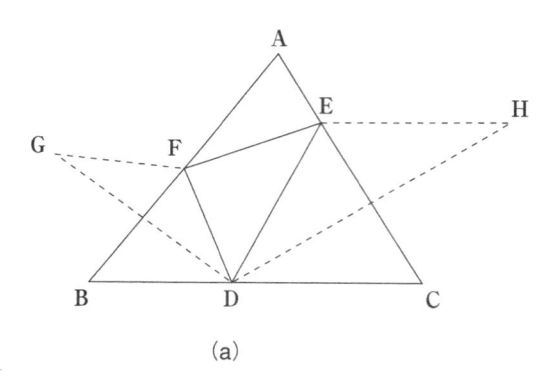

(a)

2段階に分けて、周囲の長さが最小になる△DEFを求めます。前段では、点Dを辺BC上のどこかの点に固定したとき、他の2点E、Fをそれぞれ2辺AC、AB上のどこにとれば、△DEFの周囲の長さを最小にできるかを調べます。また後段では、前段の結果を踏まえて、点Dを辺BC上のどこにとれば、△DEFの周囲の長さを最小にできるかを調べます。すると、これと同じ考察を2点E、Fに繰り返すことによって、△DEFの周囲の長さを最小にする3点D、E、Fの配置が決まります。なお、以下では△DEFを△ABCの内接三角形と呼ぶことにします。

図(a)において、△ABCは与えられた三角形、△DEFはその周囲の長さを最小にしたい内接三角形とします。いま、辺ABを鏡と見立て、点Dの鏡映点をGとします。同じようにして、辺ACを鏡と見立て、点Dの鏡映点をHとします。すると、

DF＝GF、DE＝EH

は明らかなので、△DEFの周囲の長さは

DF＋FE＋ED＝GF＋FE＋EH

となり、点Gから点Hに至る折れ線の長さと等しくなります。ここで、点Dを固定すると、2つの鏡映点G、Hの配置は自動的に決まるので、△DEFの周囲の長さを最小にするには、2点F、Eを線分GH上にとらなければならないことが分かります。

つぎに、点Dを辺BC上のどこに選ぶと、△DEFの周囲

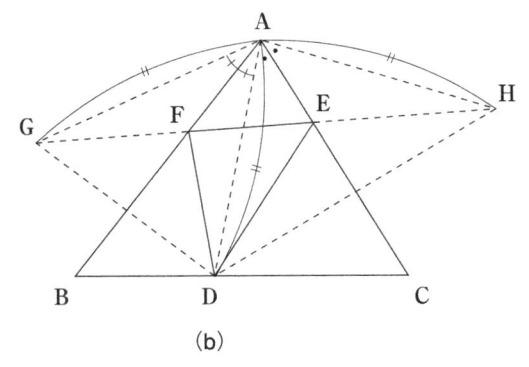

(b)

の長さを最小にできるかを調べます。これには、頂点Aと3点G、D、Hを図(b)のように結び、△AGHを考えるのが最善です。すると、2点G、Hはそれぞれ2辺AB、ACを鏡と見立てたときの点Dの鏡映点になっているため、

AG＝AD＝AH

となり、△AGHは二等辺三角形となります。また、

$$\angle DAB = \angle GAB$$
$$\angle DAC = \angle HAC$$

も明らかなため、

$$\angle GAH = 2\angle BAC$$

となります。これから、△AGHの頂角GAHは、点Dの選び方に関係なく、△ABCの頂角BACの2倍になります。このため、底辺GHの長さを最小にするには、左右の等辺AG、AHの長さを最小にすればよいわけで、これは線分ADの長さを最小にすることと同じです。こうして、線分ADの長さを最小にするには、点Dを頂点Aから対辺BCに下ろした垂線の足にとればよいことが分かります。

　上と同じ考察を2点E、Fに対して繰り返すと、これらの点も2頂点B、Cからそれぞれの対辺CA、ABに下ろした

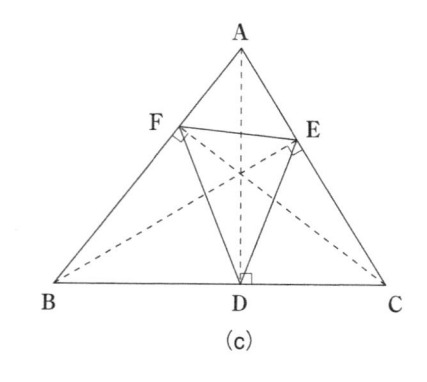

(c)

垂線の足となり、3点D、E、Fは△ABCの3頂点からそれぞれの対辺に下ろした垂線の足にとればよいことが分かります。なお、垂線の足を3頂点とする三角形は△ABCの垂足三角形と呼ばれています。図（c）は△ABCの垂足三角形DEFを示したもので、この三角形が周囲の長さが最小の内接三角形です。

　この問題は「ファニャーノの作図問題」と呼ばれているもので、相当に難解な問題です。ここの解答を見ずに作図ができれば、鋭い直観力の持ち主といえます。

上級編

問題 70

図のように、任意の四角形ＡＢＣＤの２本の対角線ＢＤ、ＡＣの中点をＬ、Ｍとし、また２組の対辺が交わる点をそれぞれＥ、Ｆとします。線分ＥＦの中点をＮとすると、３点Ｌ、Ｍ、Ｎは一直線上に並ぶことを示してください。

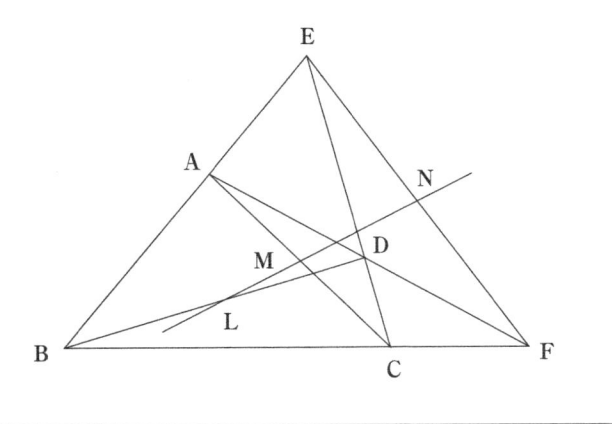

ヒント

２点Ｅ、Ｆと２点Ｌ、Ｍをそれぞれ結び、△ＥＬＭと△ＦＬＭの面積を比べてください。

解答

E
A N
M D
B L C F

(a)

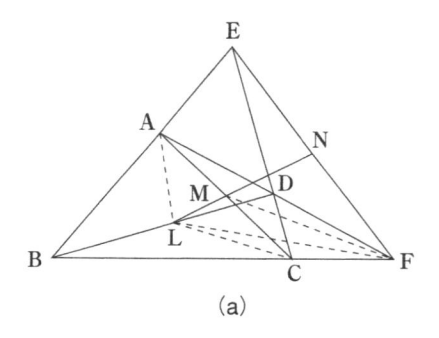

　線分LMの点Mの方向への延長線が線分EFと交わる点をNとしたとき、点Nが線分EFの中点になることを示せば十分です。以下では、この方針で進みます。

　図(a)のように、点Lと3点A、F、Cをそれぞれ結び、また点Mと点Fを結んで、まず△FLMの面積を考えます。すると、この三角形は

$$\triangle \text{FLM} = \triangle \text{ALF} - (\triangle \text{ALM} + \triangle \text{AMF}) \cdots (1)$$

と表されるので、右辺のそれぞれの三角形の面積を調べれば分かります。まず、右辺の第1項の△ALFは△ALDと△FLDに分解され、点Lが対角線BDの中点になっていることから、△ALDと△ALBの面積は等しく、また△FLDと△FLBの面積も等しくなります。ところが、4つの三角形を合わせたものは△ABFになるので、

$$\triangle \text{ALFの面積} = \frac{\triangle \text{ABFの面積}}{2} \cdots\cdots (2)$$

188

上級編

の関係が得られます。

　つぎに、式（1）の右辺の第2項の括弧内の図形を調べると、点Mが対角線ACの中点であることから、△ALMと△CLMの面積は等しく、また△AMFと△CMFの面積も等しくなります。ところが、4つの三角形を合わせたものは四角形ALCFになるので、

$$(\triangle ALM + \triangle AMF) \text{の面積} = \frac{\text{四角形ALCFの面積}}{2} \quad \cdots\cdots (3)$$

の関係が得られます。こうして、式（1）～（3）から

$$\triangle FLM \text{の面積}$$
$$= \frac{(\triangle ABF \text{の面積}) - (\text{四角形ALCFの面積})}{2}$$
$$= \frac{(\triangle ABL \text{の面積}) + (\triangle CBL \text{の面積})}{2}$$

となります。ここで、ふたたび点Lは対角線BDの中点であることに注意すると、△ABLと△ADLの面積は等しく、また△CBLと△CDLの面積は等しくなります。すると、△ABLと△ADLと△CBLと△CDLを合わせたものは最初の四角形ABCDになるので、

$$(\triangle ABL + \triangle CBL) \text{の面積} = \frac{\text{四角形ABCDの面積}}{2}$$

が成り立ち、△FLMの面積は

$$\triangle \text{FLMの面積} = \frac{\text{四角形ABCDの面積}}{4} \quad \cdots (4)$$

となります。

上とまったく同じ考察を△ELMについて繰り返せば、

$$\triangle \text{ELMの面積} = \frac{\text{四角形ABCDの面積}}{4} \quad \cdots (5)$$

となることは明らかです。こうして、△FLMと△ELMの面積はどちらも四角形ABCDの面積の$\frac{1}{4}$となって、

△FLMの面積＝△ELMの面積

が成り立ちます。

そこで、△FLMと△ELMを中心にして、図(a)の一部を図(b)のように抜き出します。すると、この2つの三角形の底

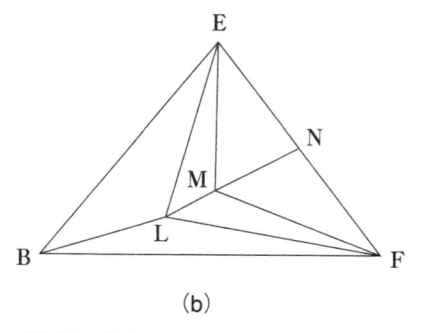

(b)

辺は共通で、面積は等しいことから、

EN＝FN

となって［問題 3］、点Nは線分EFの中点になります。

問題 71

△ＡＢＣの３頂点から対辺に下ろした３本の垂線の交点（垂心）をＨ、３本の中線の交点（重心）をＧ、３辺の垂直二等分線の交点（外心）をＯとすると、３点Ｈ、Ｇ、Ｏは一直線上に並び、しかも

　　ＨＧ＝２ＯＧ

となることを示してください。

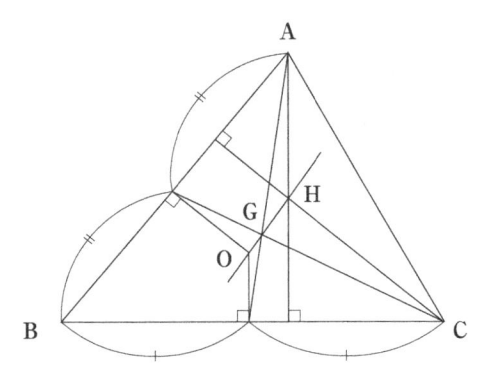

ヒント

　３辺の中点を結ぶ三角形を作り、この三角形の垂心と重心がもとの△ＡＢＣの外心と重心にどのように関係しているかを調べてください。

解 答

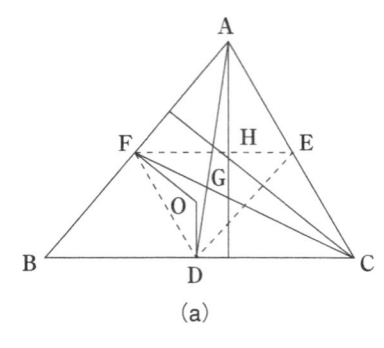

図(a)のように、△ABCの3辺AB、BC、CAの中点をそれぞれF、D、Eとして、これらを頂点とする△DEFを考えます。すると、[問題 17]で示したように、△ABCの外心は△DEFの垂心になっています。そこで、さらに△ABCの重心は△DEFの何になるかを調べます。

まず、2点F、Eはそれぞれ2辺AB、ACの中点であるため、線分FEと辺BCは平行で、しかも

$$FE = \frac{1}{2}BC \quad \cdots\cdots (1)$$

が成り立ちます。このため、点Dが辺BCの中点であることから、△ABCの中線ADは辺FEの中点を通ります。これは頂点Aを通る△ABCの中線が頂点Dを通る△DEFの中線にもなっていることを示すため、2頂点B、Cを通る△ABCの中線は、2頂点E、Fを通る△DEFの中線になります。こうして、△ABCの重心と△DEFの重心は一致することが分かります。このとき、△ABCの3辺AB、BC、CAはそれぞれ△DEFの3辺DE、EF、FDと平行になるので、△ABCと△DEFは相似形になり、その相似比は

式（1）から2対1になることも分かります。

これまでの内容を整理するため、△ABCの3辺の中点を通る△DEFを「中点三角形」と呼ぶことにすると、もとの△ABCの外心は中点三角形の垂心に一致し、もとの△ABCの重心はそのまま中点三角形の重心にもなることが分かります。

ここで、観点を少し変えて、△ABCの垂心と重心と外心が一直線上に並ぶことを、発想を感じさせる方法で紹介しま

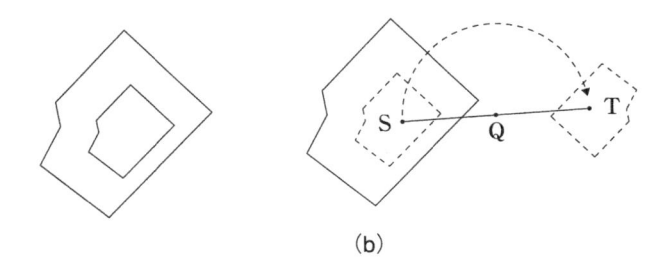

(b)

す。これには少し寄り道をして、各辺の長さが2対1の勝手な2つの相似図形を図（b）の左のように描いてみるのが賢明です。いま、内部の小さな図形だけをどこか任意の点Qを中心にして半回転させ、図（b）の右の配置に変えてみます。すると、相似図形の対応した2点を図（c）のS、Tとすると、こ

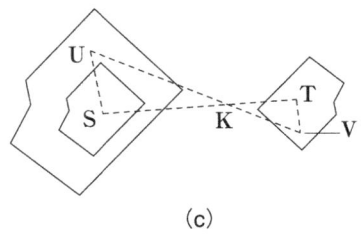

(c)

れを結んだ線分STは、対応した2点S、Tの選び方に関係なく、すべて同じ点Kを通ります。この理由は簡単で、もう1組の対応した2点を図(c)のU、Vのようにとると、線分SUと線分TVが平行になって、△KSUと△KTVが相似形になるからです。このとき、△KSUと△KTVの相似比は2対1なので、点Kは線分STを2対1に内分した点になっています。なお、図(b)の点Qは大きな図形の外部に選びましたが、内部に選んでも同じことです。

　この準備のもとに、ふたたび図(a)のなかの2つの相似図形△ABC、△DEFを考えてみます。まず、△ABC、△DEFの重心Gを一致させながら、2つの三角形を図(d)のように描きます。すると、内部の△DEFだけを重心を中心にして半回転させた図形が図(a)であることに気がつきます。このとき、相似図形の対応した2点は重心を挟んで2対1の位置にくるので、対応した2点に垂心をとれば、これは重心Gを挟んで一直線上に並ぶことになります。ここで、△DEFの垂心は△ABCの外心になっているので、もとの△ABCの垂心Hと重心Gと外心Oは一直線上に並び、しかも線分HGは線分OGに2倍になります。

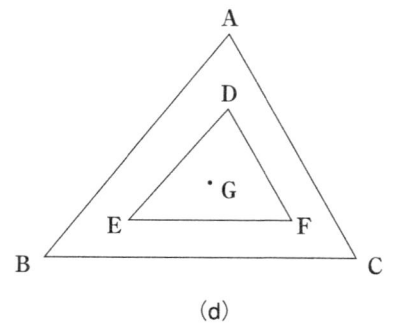

(d)

問題 72

任意の弦PQの中点をMとして、この点を通る2本の弦AB、CDを図のように作ります。点Aと点D、点Bと点Cをそれぞれ結び、弦PQとの交点を図のE、Fとします。すると、

EM＝FM

が成り立つことを示してください。

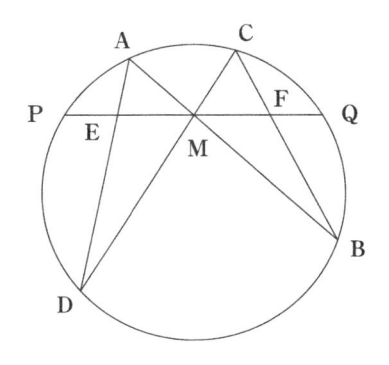

!ヒント

これはなかなかの難問です。取りあえず、点Eと点Fからそれぞれ弦ABと弦CDに垂線を下ろしてみてください。

解 答

(a)

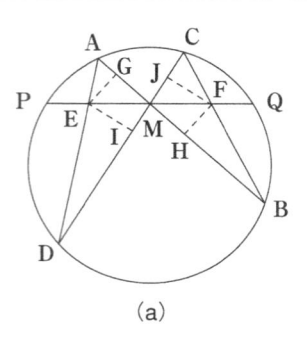

 図(a)のように、点Eと点Fから弦ABにそれぞれ垂線EG、FHを下ろし、また弦CDに垂線EI、FJを下ろします。まず、△EGMと△FHMを考えると、∠EMGと∠FMHは対頂角のために等しく、また∠EGMと∠FHMはどちらも直角です。これから2つの三角形は相似形になり、対応する2辺の比は等しくなって、

$$\frac{EM}{FM} = \frac{EG}{FH} \quad \cdots\cdots (1)$$

が成り立ちます。同じように、△EIMと△FJMを考えると、2つの三角形はやはり相似形になって、

$$\frac{EM}{FM} = \frac{EI}{FJ} \quad \cdots\cdots (2)$$

となります。

 つぎに、△EAGと△FCJを考えます。すると、∠EA

Gと∠FCJはどちらも同じ弧の上に立つ円周角のために等しく［問題 4］、また∠EGAと∠FJCはどちらも直角です。これから2つの三角形は相似形になり、対応する2辺の比は等しくなって、

$$\frac{EG}{FJ} = \frac{AE}{CF} \quad \cdots\cdots (3)$$

です。同じように、△EDIと△FBHを考えると、2つの三角形はやはり相似形になって、

$$\frac{EI}{FH} = \frac{ED}{FB} \quad \cdots\cdots (4)$$

です。

以上で、基本的な関係式はすべて揃ったので、計算に入ります。まず、式(1)と式(2)を辺々かけ合わせると、

$$\frac{EM^2}{FM^2} = \frac{EG}{FH} \cdot \frac{EI}{FJ} = \frac{EG}{FJ} \cdot \frac{EI}{FH}$$

となるので、最後の辺に式(3)と式(4)の左辺がそれぞれ現れます。そこで、それぞれの右辺を代入すると、

$$\frac{EM^2}{FM^2} = \frac{AE}{CF} \cdot \frac{ED}{FB} \quad \cdots\cdots (5)$$

となります。ここで、式(5)の分子にある2線分AE、EDと弦PQだけに着目すると、図bの関係になっていることに気がつきます。すると、［問題 6］を利用することができて、

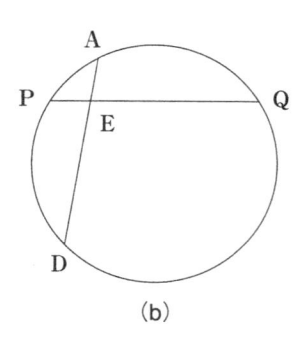

$$AE \cdot ED = PE \cdot QE$$

が成り立ちます。同じように、式(5)の分母にある弦CBと弦PQに着目すると、

$$CF \cdot FB = PF \cdot QF$$

が成り立ちます。これらを式(5)に代入すると、

$$\frac{EM^2}{FM^2} = \frac{PE}{PF} \cdot \frac{QE}{QF} \quad \cdots\cdots (6)$$

となります。

　式(6)の右辺を変形するため、それぞれの線分をPM、QM、EM、FMで表すと、

$$PE = PM - EM$$
$$QE = QM + EM$$
$$PF = PM + FM$$
$$QF = QM - FM$$

上級編

となり、

$$PM = QM$$

に注意すると、

$$PE = PM - EM$$
$$QE = PM + EM$$
$$PF = PM + FM$$
$$QF = PM - FM$$

となります。このため、式（6）の分子と分母はそれぞれ

$$PE \cdot QE = (PM - EM)(PM + EM)$$
$$= PM^2 - EM^2$$
$$PF \cdot QF = (PM + FM)(PM - FM)$$
$$= PM^2 - FM^2$$

となって、式（6）は

$$\frac{EM^2}{FM^2} = \frac{PM^2 - EM^2}{PM^2 - FM^2} \quad \cdots\cdots (7)$$

と変形されます。この式の両辺の分母をはらうと、

$$EM^2(PM^2 - FM^2) = FM^2(PM^2 - EM^2)$$

となるので、変形すると、

$$EM^2 \cdot PM^2 - EM^2 \cdot FM^2$$
$$= FM^2 \cdot PM^2 - FM^2 \cdot EM^2$$

となります。この両辺からＥＭ²・ＦＭ²を消去したのち変形すれば、

$$\frac{\mathrm{EM}^2}{\mathrm{FM}^2} = 1$$

となります。これから、

ＥＭ＝ＦＭ

が得られます。

上級編

問題 73

円周上に並んでいる6点を図のA、B、C、D、E、Fとして、弦AEと弦BFの交点をL、弦ADと弦CFの交点をM、弦BDと弦CEの交点をNとすれば、3点L、M、Nは一直線上に並ぶことを示してください。

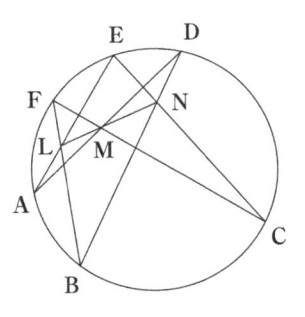

！ヒント

3本の直線AD、BF、CEで三角形を作り、その三角形の辺上にある3点をうまく抜き出して、メネラウスの定理[問題 36]が適用できるように考えてください。

解答

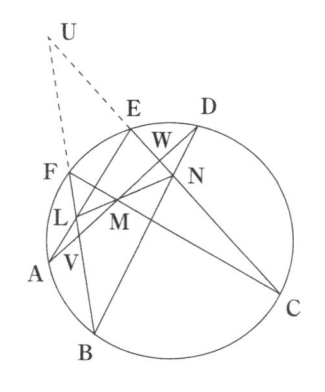

弦ＢＦと弦ＣＥの延長線上の交点をＵ、弦ＡＤと２本の弦ＢＦ、ＣＥの交点をそれぞれＶ、Ｗとして、△ＵＶＷの辺上の何組かの３点にメネラウスの定理を適用します［問題 36］。ただし、弦ＢＦと弦ＣＥが平行になるときと反対の方向で交わるときは、ほとんど同じように調べることができるので割愛することにします。

まず、３点Ｍ、Ｃ、Ｆを抜き出すと、これらはそれぞれ△ＵＶＷの３辺ＶＷ、ＷＵ、ＵＶ（またはその延長線）上の点で、しかも一直線上に並んでいます。このため、メネラウスの定理を適用することができて、

$$\frac{\mathrm{VM}}{\mathrm{WM}} \cdot \frac{\mathrm{WC}}{\mathrm{UC}} \cdot \frac{\mathrm{UF}}{\mathrm{VF}} = 1 \quad \cdots\cdots\cdots (1)$$

となります。

同じように、３点Ｄ、Ｎ、Ｂを抜き出すと、これもそれぞれ△ＵＶＷの３辺ＶＷ、ＷＵ、ＵＶ（またはその延長線）上の点で、しかも一直線上に並んでいます。このため、この３点にもメネラウスの定理を適用することができて、

$$\frac{\text{VD}}{\text{WD}} \cdot \frac{\text{WN}}{\text{UN}} \cdot \frac{\text{UB}}{\text{VB}} = 1 \quad \cdots\cdots\cdots (2)$$

となります。

　同じように、3点A、E、Lを抜き出すと、これもそれぞれ△UVWの3辺VW、WU、UV(またはその延長線)上の点で、しかも一直線上に並んでいます。このため、この3点にもメネラウスの定理を適用することができて、

$$\frac{\text{VA}}{\text{WA}} \cdot \frac{\text{WE}}{\text{UE}} \cdot \frac{\text{UL}}{\text{VL}} = 1 \quad \cdots\cdots\cdots (3)$$

となります。

　ここで、もし

$$\frac{\text{UL}}{\text{VL}} \cdot \frac{\text{VM}}{\text{WM}} \cdot \frac{\text{WN}}{\text{UN}} = 1 \quad \cdots\cdots\cdots (4)$$

が成り立てば、3点L、M、Nはそれぞれ△UVWの3辺UV、VW、WU(またはその延長線)上にあることから、メネラウスの定理によって、この3点も一直線上に並ぶことが分かります。そこで、式(1)、(2)、(3)の左辺を見ると、それぞれの式の左辺の1番目、2番目、3番目の分数が、ちょうど式(4)の左辺の各分数になっています。このため、残りの分数を

$$\frac{\text{WC}}{\text{UC}} \cdot \frac{\text{UF}}{\text{VF}} \cdot \frac{\text{VD}}{\text{WD}} \cdot \frac{\text{UB}}{\text{VB}} \cdot \frac{\text{VA}}{\text{WA}} \cdot \frac{\text{WE}}{\text{UE}}$$

のように取り出したとき、この値が1になれば式(4)が成り立つことになります。

ここで、[問題 6] と [問題 15] を思い起こすと、

CW・EW＝AW・DW
UF・UB＝UE・UC
VA・VD＝VB・VF

が成り立つので、上の分数の分子を並べ換えると、

(WC・WE)・(UF・UB)・(VA・VD)
　　＝(WA・WD)・(UE・UC)・(VB・VF)

となって、確かに分母を並べ換えたものと一致します。これから

$$\frac{WC}{UC} \cdot \frac{UF}{VF} \cdot \frac{VD}{WD} \cdot \frac{UB}{VB} \cdot \frac{VA}{WA} \cdot \frac{WE}{UE} = 1$$

となり、3点L、M、Nは一直線上に並ぶことが示されました。

この性質はパスカルが発見したもので、「パスカルの定理」と呼ばれています。この性質は6点が放物線上に並ぶときと、楕円上に並ぶときと、双曲線上に並ぶときのどれにも適用できます。さらに、3点A、B、Cが一直線上に並び、3点D、E、Fが別の一直線上に並ぶときの [問題 68] にも適用できます。これらの共通する性質は、代数幾何学と呼ばれる分野で一挙に解決されますが、その内容は少し高度になります。

問題 74

中心がOの円に外接する四角形ABCDの対角線ACの中点をN、対角線BDの中点をMとすると、3点M、O、Nは図のように一直線上に並ぶことを示してください。

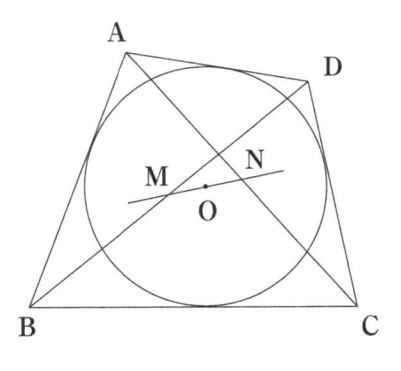

! ヒント

補助線を使って適当な三角形を作り、その面積を比べてみてください。

解 答

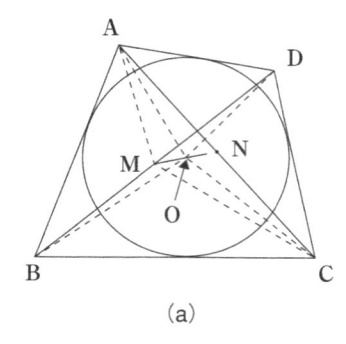

2点M、Oをそれぞれ2点A、Cと結び、△AMOと△CMOを考えます。このとき、線分MOの点Oの方向への延長線が対角線ACの中点Nを通るということは、△AMOと△CMOの面積が等しくなることと同じです［問題 3］。以下では、この考え方にしたがって、△AMOと△CMOの面積が等しくなることを示します。

円の中心Oと2点B、Dを結び、△AMOと△CMOをそれぞれ3つの三角形の和と差で表すと、

$$\triangle AMO = \triangle MAD + \triangle DMO - \triangle OAD$$
$$\triangle CMO = \triangle OBC + \triangle BMO - \triangle MBC$$

となります。ここで、点Mは対角線BDの中点であることに注意すると、△DMOと△BMOの底辺と高さはそれぞれ等しくなって、この2つの三角形の面積は等しくなります。このため、△AMOと△CMOの面積が等しいことを示すには、(△MAD−△OAD)と(△OBC−△MBC)の面積が等しくなることを示せばよいわけで、変形すると

$$(\triangle MAD + \triangle MBC) の面積$$
$$= (\triangle OBC + \triangle OAD) の面積 \cdots\cdots (1)$$

となります。まず、式(1)の左辺を見ると、点Mが対角線BDの中点であることから、

$$\triangle\mathrm{MAD}の面積 = \frac{\triangle\mathrm{ABD}の面積}{2}$$

$$\triangle\mathrm{MBC}の面積 = \frac{\triangle\mathrm{CBD}の面積}{2}$$

となります。ところが、右辺の分子の2つの三角形の和は四角形ABCDとなるので、

$$(\triangle\mathrm{MAD}+\triangle\mathrm{MBC})の面積 = \frac{四角形\mathrm{ABCD}の面積}{2} \quad\cdots\cdots(2)$$

が成り立ちます。

つぎに、式(1)の右辺を見ると、点Oが内接円の中心であることから、この半径をrとすると、

$$(\triangle\mathrm{OBC}+\triangle\mathrm{OAD})の面積 = \frac{r(\mathrm{BC}+\mathrm{AD})}{2}$$

となります。ここで、内接円の4つの接点を図(b)のようにE、F、G、Hとすると、

AH=AE
BE=BF
CF=CG
DG=DH

が成り立つため[問題 7]、

(b)

$$\begin{aligned}
BC + AD &= (BF + CF) + (AH + DH) \\
&= (BE + CG) + (AE + DG) \\
&= (AE + BE) + (CG + DG) \\
&= AB + CD
\end{aligned}$$

となります。このため、

$$\frac{r(BC + AD)}{2} = \frac{r(AB + CD)}{2}$$

となって、

$$(\triangle OBC + \triangle OAD) \text{の面積}$$
$$= (\triangle OAB + \triangle OCD) \text{の面積}$$

となります。ところが、四角形ABCDは△OBC、△OAD、△OAB、△OCDの4つの三角形に分解されるので、

$$(\triangle OBC + \triangle OAD) \text{の面積}$$
$$= \frac{\text{四角形ABCDの面積}}{2} \quad \cdots\cdots (3)$$

となり、式(2)と式(3)から式(1)が示されました。すると、最初に述べたように△AMOと△CMOの面積も等しくなるので、3点M、O、Nは一直線上に並びます。なお、この直線を「ニュートン線」と呼んでいます。

問題 75

図の四角形ＡＢＣＤにおいて、

∠ＡＢＤ＝20°
∠ＤＢＣ＝60°
∠ＡＣＢ＝50°
∠ＡＣＤ＝30°

です。このとき、∠ＡＤＢは何度になりますか。

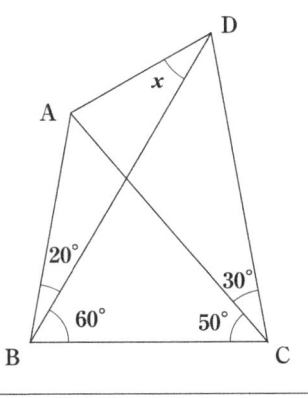

ヒント

複数の二等辺三角形を利用してxを求めます。うまい補助線を見つけてください。

解 答

(図)

(a)

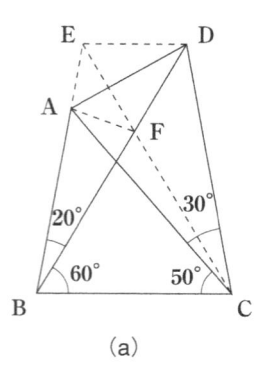

　図(a)のように、点Dを通って辺BCに平行な直線と辺BAの点Aの方向への延長線との交点をEとして、点Eと点Cを結ぶ線分と対角線BDとの交点をFとします。すると、

　　∠EBC=20°+60°=80°
　　∠DCB=50°+30°=80°

となるため、線分EDを辺BCと平行になるように引いたことに注意すれば、四角形EBCDは等脚台形です。このため、△FBCと△FDEは左右に対称な図形となり、どちらも二等辺三角形です。ところが、

　　∠FBC=60°

のため、△FBCと△FDEは正三角形となり、

210

$$BF = BC \quad \cdots\cdots (1)$$
$$DE = DF \quad \cdots\cdots (2)$$

が成り立ちます。

一方、△BCAを考えると、

$$\angle BAC = 180° - (\angle ABC + \angle ACB)$$
$$= 180° - (80° + 50°) = 50°$$

となるため、

$$\angle BAC = \angle BCA$$

が成り立って、この三角形も二等辺三角形です。これから

$$BA = BC$$

となるため、式(1)に注意すると、

$$BA = BF$$

となります。そこで、点Aと点Fを結んで、△BAFを考えます。すると、この三角形も二等辺三角形となり、その底角を求めると、

$$\angle BAF = \frac{180° - \angle ABF}{2} = \frac{180° - 20°}{2} = 80°$$

となります。これから、∠AFEは

$$\angle \mathrm{AFE} = 180° - (\angle \mathrm{BFA} + \angle \mathrm{BFC})$$
$$= 180° - (80° + 60°) = 40°$$

となります。すると、∠AEFも

$$\angle \mathrm{AEF} = 180° - (\angle \mathrm{EBC} + \angle \mathrm{ECB})$$
$$= 180° - (80° + 60°) = 40°$$

となるので、△AEFも二等辺三角形となり、

$$\mathrm{AE} = \mathrm{AF}$$

が成り立ちます。ここで、式(2)に注意すると、△DEAと△DFAの3辺はそれぞれ等しくなり、2つの三角形は合同であることが分かります。こうして、対応する角は等しくなり、

$$\angle \mathrm{EDA} = \angle \mathrm{FDA}$$

が成り立ちます。ところが、

$$\angle \mathrm{EDC} = 180° - \angle \mathrm{BCD}$$
$$= 180° - 80° = 100°$$
$$\angle \mathrm{BDC} = 180° - (\angle \mathrm{DBC} + \angle \mathrm{DCB})$$
$$= 180° - (60° + 80°) = 40°$$

となるため、

$$\angle \mathrm{FDA} = \frac{\angle \mathrm{EDC} - \angle \mathrm{BDC}}{2}$$
$$= \frac{100° - 40°}{2} = 30°$$

となります。

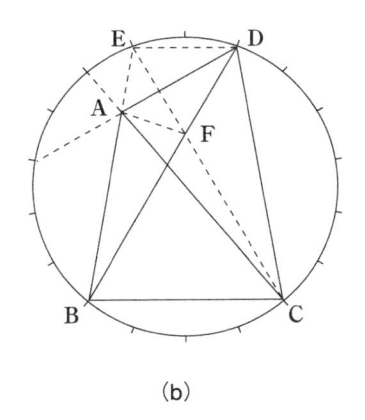

(b)

　この問題では、図(a)のなかにいろいろの二等辺三角形が含まれていることを見つけるのがポイントでした。なお、これまでの角度の計算から、四角形の3つの頂点B、C、Dを通る円を描き、円周を18等分すると、四角形ＡＢＣＤは図(b)のような配置になっています。このことに気がつくと、図(b)からも∠ＦＤＡを求めることが可能になります。

上級編

問題 76

　△ＡＢＣの３つの頂点から、それぞれの頂角の３等分線を引いて、３つの交点Ｄ、Ｅ、Ｆを図のように求めます。すると、もとの△ＡＢＣがどのような形の三角形であっても、△ＤＥＦは正三角形になることを示してください。

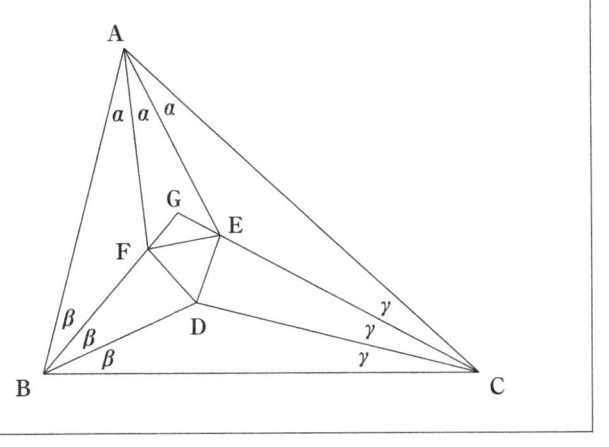

! ヒント

　これは有名な問題で、いろいろの解き方があります。ここでは線分ＢＦの延長線と線分ＣＥの延長線の交点をＧとすると、点Ｄが△ＧＢＣの内心になることを利用します。

解　答

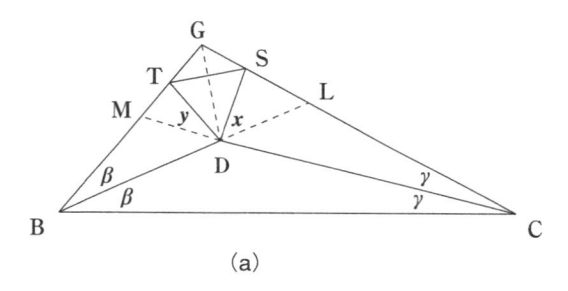

(a)

　線分BFの延長線と線分CEの延長線の交点をGとして、その部分を図(a)のように抜き出してみます。ここで、点Sは辺GC上の点、点Tは辺GB上の点で、

$$\angle \mathrm{SDG} = \angle \mathrm{TDG} = 30°$$

となるようにとってあります。すると、点Dは△GBCの内心になっているため、△GDSと△GDTは合同です。これから線分DSと線分DTは等しくなり、∠SDTが60°であることから、△DSTは正三角形となります。ところが、点Sを辺GC上にとり、また点Tを辺GB上にとるかぎり、△DSTが正三角形になるのはこのときだけです。ということは、出題の図の△DEFが正三角形になることを見越すと、点Sと点E、点Tと点Fがそれぞれ一致することを示せばよいわけです。以下では、この方針で進みます。

　いま、線分BDの延長線と辺GCの交点をL、線分CDの延長線と辺GBの交点をMとして、∠SDLと∠TDMを求めてみます。この角をそれぞれx、yで表し、△GBCの左

216

右の底角の半分をβ、γとすれば、点Dを取り囲むすべての角の和は360°なので、

$$\angle \mathrm{MDB} = \beta + \gamma$$

となることに注意すると［問題 1］、

$$180° + \beta + \gamma + x + y + 60° = 360°$$

となります。こうして、これを変形すると

$$\beta + \gamma + x + y = 120° \cdots\cdots (1)$$

となります。また、△GDSと△GDTは合同なことから

$$\angle \mathrm{DSL} = \angle \mathrm{DTM}$$

となり、

$$\angle \mathrm{SLD} = \beta + 2\gamma$$
$$\angle \mathrm{TMD} = 2\beta + \gamma$$

に注意すると、

$$x + \beta + 2\gamma = y + 2\beta + \gamma \cdots\cdots (2)$$

となります。すると、式(2)から

$$y = x - \beta + \gamma$$

となるので、これを式(1)に代入すると、

$$\beta+\gamma+x+(x-\beta+\gamma)=2(x+\gamma)=120°$$

となり、

$$x=60°-\gamma$$

となります。y についても同じ計算をすると、

$$y=60°-\beta$$

となります。

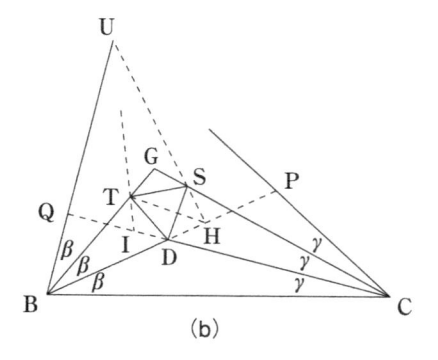

(b)

これまでの考察は辺BCに着目したものなので、これと同じ考察をもとの△ABCの辺CA、辺ABのそれぞれに対しても繰り返すと、線分BDの延長線上の点Hと線分CDの延長線上の点Iを図(b)のように選んで、

$$\angle SDH=\angle DSH=60°-\gamma$$
$$\angle TDI=\angle DTI=60°-\beta$$

を満たす2つの二等辺三角形△HDS、△IDTが得られる

ように予想されます。そこで、この予想のもとに、線分ＨＳを点Ｓの方向に延長した直線と線分ＩＴを点Ｔの方向に延長した直線がどちらも頂点Ａを通り、しかもそれが頂角∠ＢＡＣの３等分線になっていることを示します。

まず、△ＡＢＣの３つの頂角をそれぞれ３等分したα、β、γは

$$\alpha + \beta + \gamma = 60°$$

となることに注意します。いま、３点Ｐ、Ｑ、Ｕを図ｂのようにとり、△ＵＢＨを考えます。すると、∠ＴＤＳと∠ＴＳＤ、∠ＨＤＳと∠ＨＳＤはそれぞれ等しいため、線分ＨＴは頂点Ｈの二等分線です。線分ＢＴはもちろん∠ＵＢＨの二等分線のため、点Ｔは△ＵＢＨの内心です。ここで、∠ＢＵＨと∠ＢＴＩを求めると、

$$\angle \mathrm{BUH} = 180° - 2\beta - \{180° - 2(60° - \gamma)\}$$
$$= 2(60° - \beta - \gamma) = 2\alpha$$
$$\angle \mathrm{BTI} = 180° - (\angle \mathrm{DTI} + \angle \mathrm{TDI})$$
$$\quad - \beta - \angle \mathrm{BDI}$$
$$= 180° - 2(60° - \beta) - \beta - (\beta + \gamma)$$
$$= 60° - \gamma = \alpha + \beta$$

となり、

$$\angle BUT = \angle BTI - \angle UBT$$
$$= (\alpha + \beta) - \beta = \alpha$$

となるので、線分ＴＩは頂点Ｕの二等分線と重なります。こうして、3本の線分ＢＱ、ＩＴ、ＨＳの延長線は点Ｕで交わり、その間の角はすべてαです。すると、まったく同じ理由で、3本の線分ＩＴ、ＨＳ、ＣＰの延長線も点Ｖで交わり、その間の角もすべてαです。ところが、点Ｕと点Ｖは線分ＩＴと線分ＨＳの交点なので同じ点です。すると、この点は線分ＢＱと線分ＣＰの交点ともなるので、辺ＢＡと辺ＣＡの交点となり、頂点Ａと一致することが分かります。

　なお、このようにして作った正三角形を「モーレーの正三角形」と呼んでいます。

題材を引用した本

　この本で取り上げた多くの問題は、基本的であったり、有名であったりして、いろいろの幾何学の教科書や参考書に紹介されています。このため、個々の問題にたいして、どの本を参照したかということを特定するのは困難ですが、題材を引用させていただいた本を感謝の意味を込めて列記させていただきます。

秋山仁:『講義 4　数学の視覚的な解きかた』、駿台文庫、1989

秋山武太郎:『わかる幾何学』、日新出版、1959

秋山武太郎:『幾何学つれづれ草』、サイエンス社、1993

岩田至康編:『幾何学大辞典　1』、槇書店、1971

コクセター著、銀林浩訳:『幾何学入門』第 2 版、明治図書出版、1982

コークスター、グレイツァー著、寺阪英孝訳:『幾何学再入門』、河出書房新社、1970

笹部貞市郎:『幾何学辞典:問題解法』第 2 版、聖文社、1986

中村義作:『選びに選んだスーパー・パズル』、講談社、1986

L.A.Graham:『Ingenious Mathmatical Problems and Methods』, Dover, 1959

A.S.Posamentier et al.,:『Challenging Problems in Geometry』, Dover, 1996

N.D.C.414.1　222p　18cm

ブルーバックス　B-1419

パズルでひらめく　補助線の幾何学
"魔法の補助線"を見つけよう

2003年 9月20日　第 1 刷発行
2024年10月 4 日　第10刷発行

著者	中村義作（なかむら ぎさく）
発行者	篠木和久
発行所	株式会社講談社
	〒112-8001　東京都文京区音羽2-12-21
電話	出版　03-5395-3524
	販売　03-5395-4415
	業務　03-5395-3615
印刷所	（本文表紙印刷）株式会社ＫＰＳプロダクツ
	（カバー印刷）信毎書籍印刷株式会社
製本所	株式会社ＫＰＳプロダクツ

定価はカバーに表示してあります。
Ⓒ中村義作　2003, Printed in Japan
落丁本・乱丁本は購入書店名を明記のうえ、小社業務宛にお送りください。
送料小社負担にてお取替えします。なお、この本についてのお問い合わせ
は、ブルーバックス宛にお願いいたします。
本書のコピー、スキャン、デジタル化等の無断複製は著作権法上での例外
を除き禁じられています。本書を代行業者等の第三者に依頼してスキャン
やデジタル化することはたとえ個人や家庭内の利用でも著作権法違反です。
Ⓡ〈日本複製権センター委託出版物〉複写を希望される場合は、日本複製
権センター（電話03-6809-1281）にご連絡ください。

ISBN4-06-257419-5

発刊のことば

科学をあなたのポケットに

　二十世紀最大の特色は、それが科学時代であるということです。科学は日に日に進歩を続け、止まるところを知りません。ひと昔前の夢物語もどんどん現実化しており、今やわれわれの生活のすべてが、科学によってゆり動かされているといっても過言ではないでしょう。

　そのような背景を考えれば、学者や学生はもちろん、産業人も、セールスマンも、ジャーナリストも、家庭の主婦も、みんなが科学を知らなければ、時代の流れに逆らうことになるでしょう。

　ブルーバックス発刊の意義と必然性はそこにあります。このシリーズは、読む人に科学的に物を考える習慣と、科学的に物を見る目を養っていただくことを最大の目標にしています。そのためには、単に原理や法則の解説に終始するのではなくて、政治や経済など、社会科学や人文科学にも関連させて、広い視野から問題を追究していきます。科学はむずかしいという先入観を改める表現と構成、それも類書にないブルーバックスの特色であると信じます。

一九六三年九月

野間省一